U0160009

# 内嵌钢筋外包碳纤维布木柱复合加固方法

阿斯哈　周长东　著

中国建筑工业出版社

**图书在版编目（CIP）数据**

内嵌钢筋外包碳纤维布木柱复合加固方法 / 阿斯哈，
周长东著. — 北京：中国建筑工业出版社，2023.10
ISBN 978-7-112-29089-5

Ⅰ.①内… Ⅱ.①阿… ②周… Ⅲ.①古建筑-木结
构-加固-研究-中国 Ⅳ.①TU759.1

中国国家版本馆 CIP 数据核字（2023）第 161745 号

为了提升结构中木柱的工作性能，本书提出了内嵌钢筋外包 CFRP 布的木柱复合加固方法。通过黏结性能试验，揭示了锚固长度、钢筋直径等参数对钢筋黏结性能的影响规律；提出了木材表面嵌筋拔出承载力计算公式和平均黏结应力-滑移关系模型，建立了考虑位置函数的黏结-滑移本构模型。通过轴心受压试验，揭示了内嵌钢筋数量和 CFRP 布的布置形式对木柱受压性能的影响规律；提出了复合加固木柱受压承载力计算公式，建立了相应的受压应力-应变模型。通过低周往复荷载试验，研究了复合加固木柱的抗震性能，提出了复合加固木柱的恢复力模型；通过有限元数值模拟揭示了加固因素对木柱抗震性能的影响规律。本书中的内容能够有效指导复合加固方法的工程实践，同时能够为相关科学研究提供重要的参考和借鉴。

本书可供土木工程专业领域技术人员、科研人员和管理人员阅读，也可供高等院校及相关科研院所教师及研究生参考使用。

责任编辑：曹丹丹
责任校对：刘梦然
校对整理：张辰双

内嵌钢筋外包碳纤维布
木柱复合加固方法

阿斯哈　周长东　著

\*

中国建筑工业出版社出版、发行(北京海淀三里河路9号)
各地新华书店、建筑书店经销
北京鸿文瀚海文化传媒有限公司制版
建工社（河北）印刷有限公司印刷

\*

开本：787 毫米×1092 毫米　1/16　印张：9¼　字数：229 千字
2023 年 11 月第一版　　2023 年 11 月第一次印刷
定价：**56.00** 元
ISBN 978-7-112-29089-5
（41813）

# 前　言

　　古建筑木结构是我国乃至全世界的瑰宝，具有极高的文化、历史、艺术和科学价值。木柱是木结构主要的竖向支撑构件，支承着上部复杂的屋盖和梁架体系，具有不可替代的结构作用。在外界环境、人为作用和长期荷载等因素的共同影响下，古建木柱发生开裂、糟朽和虫蛀等病害，加之木材生物质特性所不可避免的初始缺陷，木柱极易发生损伤和破坏，从而影响整体结构的稳定性和安全性。因此，客观评价老旧病险的古建筑木柱，采用行之有效的加固方法来恢复和增强既有木柱的承载能力和抗震性能，提高其安全使用寿命，是古建木结构防灾减灾的关键课题之一。

　　古建木柱的传统加固方法可局部恢复木柱的受力截面，但加固后木柱的整体性能大不如前，且部分加固方法可能会对木柱造成二次损伤。采用传统加固方法对木柱局部范围进行修复，仅可暂时解决木柱承载力的问题，由于加固效果有限，需要进行阶段性的维护。因此，探索行之有效的木柱加固方法，对于提升古建木柱性能和设计建造新木结构均具有重要意义。本书作者借鉴混凝土梁、柱构件的加固方法，提出采用内嵌钢筋外包碳纤维布的新型方法对木柱进行复合加固。为了验证复合加固方法的可靠性，作者针对钢筋与木材的黏结性能、复合加固木柱的受压和抗震性能开展了一系列的试验研究、理论分析和数值模拟，以期能够为新型加固方法的工程实践提供科学的指导和帮助。

　　衷心感谢国家自然科学基金（52078030，51678039）、内蒙古自治区高等学校科学技术研究项目（NJZZ23077）、内蒙古自治区本级事业单位引进高层次人才科研支持项目。在这些项目经费的资助下，作者能够完成对内嵌钢筋外包碳纤维布复合加固木柱协同工作机理和抗震性能的探究，并将阶段性的研究成果编写于此书之中。本书共 7 章，主要内容包括表面嵌筋与木材的黏结性能试验研究以及相应的黏结-滑移理论模型，内嵌钢筋外包碳纤维布复合加固木柱的受压性能试验研究以及相应的受压承载力计算和应力-应变模型，内嵌钢筋外包碳纤维布复合加固木柱的抗震性能试验研究以及相应的恢复力模型和有限元数值分析。上述研究内容由作者和研究团队共同完成，作者在此诚挚地感谢邱意坤、田苗旺、景杰婧、郑玉槟、梁立灿、张泳、杨礼赣、张光伟、林纯贤、李亚鹏、闫佳玲、张晨、李添、王佳琦、张鹏、王玉虔等研究人员的贡献与帮助。此外，本书在编写和出版过程中得到很多帮助，虽未在此一一提及，但作者内心感激不尽。

　　限于作者水平，书中不妥之处在所难免，恳请专家学者批评指正，作者不胜感激。作者将会继续潜心科研，以期为祖国土木工程事业的发展贡献微薄之力。

# 目　录

# 1 绪论

## 1.1 研究背景

中国的古代建筑是世界上独具风格的一门建筑科学，也是一门综合性的科学，是世界建筑艺术宝库中一颗璀璨的明珠。中国古代建筑遗产极为丰富，以木结构为主体的建筑体系自形成以来，经历了漫长的历史阶段。在几千年的发展过程中，中国古建筑木结构经过不断形成、发展、成熟、演变的过程。各个不同历史时期的古建筑木结构在平面布局、立面形式、构造方式、建筑风格等诸多方面都形成了不同的风格特点。

故宫、应县木塔、布达拉宫、雍和宫等诸多散布于全国各地的木结构古建筑能够反映我国不同地域和历史时期的政治、经济和文化水平，具有不可替代的社会价值和人文价值。因而，对历史风貌木质建筑的保护意义重大，且刻不容缓。古建筑木结构是历史文化和民族精神的重要载体，也是启发民众爱国热情、增进民族自信心的实体；木结构是研究古代建造科学的实物例证，能够反映社会生产、工艺技巧、艺术风格、风俗习惯等，是新建筑设计和新艺术创作的重要借鉴；此外，木作古建筑是发展旅游业的重要物质基础。历史文化遗产所蕴含的丰富资源已成为国家发展文化经济、民族产业重要的物质基础和文化基础。因此，土建工作者应积极承担古建木结构的修缮加固工作，且这份工作已迫在眉睫。

如图 1-1 所示，木柱作为木结构中主要的竖向支撑构件，具有重要的建筑意义和结构意义。传统民居、塔式结构或者殿堂式建筑均具有独特的屋盖体系和梁架系统，但是各类结构体系均采用柱网传递竖向荷载。考虑到美观和使用需求，木柱布置数量有限，单根木柱会承受较大的竖向荷载。目前留存的古建木结构历经成百上千年，受木材自身的生物质特性影响，再加上自然环境和人为因素所致，木柱极易发生损伤甚至破坏。木柱的工作性能直接影响到整体结构的稳定性和安全性。

木材作为一种古老的建筑材料，从古至今一直被应用于土木工程领域。即便在现如今新型建筑材料不断更新和研发的年代，木材仍然具有其不可替代的作用。作为人类最早使用的天然材料，其自身存在诸多优点。作为建筑材料，木材具有良好的加工性能，它既便于机械加工，也适用于手工作业，省工省时，且易于实施多种加工工艺。木材具有足够的强度和稳定的化学性能，其强重比较大，部分木材的顺纹抗拉强重比优于钢材，而顺纹抗压强重比则优于混凝土。此外，木材良好的弹性和韧性能有效保障建筑结构的使用安全；作为纯生态材料，木材美观光洁、保温减震、无毒无臭、隔热隔电、轻便坚韧，普遍使人感到温馨舒适。基于上述优点，木材成为中国古建筑原材料的最佳选择。

(a) 传统木结构　　　　　　　　　　　　　　(b) 佛光寺

(c) 祈年殿　　　　　　　　　　　　　　(d) 太和殿

图 1-1　古建筑中的木柱

因木材是一种生物质的建材，其自身存在一定的缺点。木材的湿胀和干缩特性明显，尤其在纤维饱和点之内，其尺寸与形状随含水率的变化而不断变化。在含水率高于 18% 并使空气占木材空隙 20% 以上时，在 0～43℃ 之间的木材易于腐朽和虫蛀。木材不可避免地存在天然缺陷，如木节、髓心、斜纹等，因而其物理力学性能的变异性较大。木材的诸多缺点可能会导致古建木柱发生损伤和破坏。图 1-2 所示为古建筑木柱发生的典型破坏形态，主要有开裂、虫蛀、糟朽和倾斜等。在既有历史风貌木质建筑中，承载数百上千年的木柱，历经风雨和战争洗礼，不可避免地会产生损伤甚至趋近破坏，从而影响到整体结构的安全性。因此，有必要对古建筑木柱进行维修加固，以提升其工作性能，进而对历史风貌木质建筑进行有效的保护。

(a) 开裂　　　　　　　(b) 虫蛀　　　　　　　(c) 糟朽　　　　　　　(d) 倾斜

图 1-2　木柱典型破坏形态

古建筑木柱的传统修缮加固方法存在诸多不足。为人所熟知的嵌补加固法、剔补加固法、墩接加固法等，可以局部恢复木柱的受力截面，但加固后木柱相当于由不同部分组成，其整体性能大不如前。替换新材对修复木柱方法切实有效，但是由于我国木材资源稀缺，修复和改造中较难大面积替换新柱，对于特大和稀有树种的木柱更是如此，而且受到古建筑"修旧如旧"原则的制约，该种方法的应用有待商榷。铁件加固法可以通过铁箍的核心约束作用提高古建木柱的强度和刚度，但是铁箍的锈蚀会对古建木柱造成二次损伤。

由于木材本身的生物质特性，暴露于空气中的木柱持续不断地产生虫蛀、糟朽、劈裂等损伤。采用传统加固方法对木柱局部范围的修复，仅可暂时解决木柱承载力的问题，由于加固效果有限，需要频繁地进行阶段性的修护。因此，探索新型古建木柱加固方法刻不容缓。

借鉴相关混凝土柱的加固经验，可采用内嵌骨架外包 CFRP 布的方法对木柱进行复合加固。内嵌骨架可以有效提升木柱的承载能力，延缓木材发生损伤和破坏；外包 CFRP 布则可以防止内嵌骨架过早屈曲和剥离，同时能够横向约束木柱，提升木柱的承载能力，并且免于外界有害物质的侵蚀，进而提高木柱的耐久性。内嵌骨架与外包 CFRP 布的相互促进作用，可以充分发挥后加骨架的承载作用和横向粘贴 CFRP 布的约束作用。因木柱发生损伤而承载能力受到严重影响时，复合加固方法可保留原有木质材料，并在一定程度上提升木柱的受压性能，可作为一种加固古建木柱的储备方法。在木柱表面做地仗层是传统的木结构防腐防虫的常见措施，其中一麻五灰工艺最具代表性。复合加固方法类似地仗工艺，外包 CFRP 布同样可以防腐防虫。因此，对于有地仗层的木柱，采用复合加固方法后，再进行地仗处理，则基本不会影响木柱的外观。同时，复合加固方法比较适用于加固近现代木结构柱。内嵌骨架外包 CFRP 布复合加固形式是一种性能优异的木柱加固方法，有必要对其加固性能进行探究，并提供具体的理论支撑，以指导工程实践。

## 1.2 木材与筋材黏结性能

### 1.2.1 木材植筋黏结性能研究现状

相比于传统的木结构节点连接形式，木材植筋技术具有较高的承载能力和刚度，同时具备极好的变形性能和简洁美观的外形。因此，木材植筋技术不但可以支撑现代木结构的发展，而且能够应用于古建木结构的加固工程。木材植筋的具体方法如下：将筋材通过胶体黏结于预先钻好的孔洞内，当胶体硬化后，木材与植入的筋材便可黏结为一个整体共同工作。多数研究表明，锚固长度是影响木材植筋节点力学性能的主要因素之一，在一定的锚固长度范围内，植筋拔出承载力随着锚固长度的增加而不断增加，一旦超出上述范围，极限承载力将不再提升。筋材的直径、种类和形状同样是影响黏结性能的重要变量，备受学者关注。筋材黏结区段的表面积直接影响节点承载力，为提升植筋节点的强度和刚度，相关研究建议植入较大直径和弹性模量的筋材。除此之外，木纹方向、胶体种类、木材缺陷等因素均会不同程度地影响植筋节点的极限承载力，这些探索极大地丰富了木材与筋材之间的黏结性能研究。

为建立木材植筋节点拔出承载力计算公式，本领域的专家学者进行了大量的探索和实践。Feligioni 在强度计算模型中考虑了胶体种类和厚度的影响，提出了修正公式，并且在对新胶体类型植筋节点承载力的预测上表现出良好的计算效率。Chen 认为节点材料和形状是影响拔出承载力的主要因素，所提出的计算模型能够较好地预测试验结果，是木材植筋节点承载力设计的有效工具。Steiger 考虑锚固长度和筋材直径的影响，提出了单根筋材植入木材的拔出强度计算方法，并指出为了实现由筋材到木材良好的荷载传递效率，建议采用较小的筋材直径以满足设计要求。Li 等、Rossigonon 等以及 Eurocode 5、DIN 1052 中同样给出了植筋节点拔出承载力计算公式，通过充分的试验研究与理论分析，强度计算模型得以建立，在特定的使用条件下具有良好的预测效果。

研究表明，黏结应力沿着锚固长度的分布是不均匀的，但是建立木材与筋材之间的平均黏结应力-滑移模型具有重要的理论意义。平均黏结应力-滑移模型能够表征植筋节点的黏结强度，揭示黏结机理和特性，也是建立考虑位置函数的黏结-滑移本构关系的必要条件。Ling 所建立的改进的平均黏结应力-滑移关系模型能够预测胶合木与 FRP（Fiber Reinforced Polymer）筋之间的黏结性能。Eligehausen 和 Cosenza 建立的两个平均黏结应力-滑移模型常用来描述混凝土与 FRP 筋材之间的黏结性能，且具有良好的预测效果。有研究人员将上述两个经典模型应用于胶合木植筋节点的理论分析，并建立了改进的木材与筋材平均黏结应力-滑移模型。在此基础上，Ling 探索并提出了考虑位置函数的胶合木植筋节点黏结-滑移本构关系，能够有效地反映筋材与木材的黏结特性、行为和机理。

数值分析方法是探究木材与筋材黏结性能的有效方法。Serrano 指出，木材断裂、几何参数和加载条件会直接影响试件的拔出承载力。Ling 考虑黏结-滑移位置函数的影响，建立了胶合木植筋节点的有限元分析模型，其数值计算有效地预测了试验结果，更加精细地反映了节点刚度退化现象。Grunwald 的研究表明，一般的胶合木植筋节点研究成果能够应用于硬木节点，有限元分析和理论计算表明横纹抗拉强度和剪切强度对保障植筋节点承载力来说同等重要。此外，有学者开展相关数值分析研究，以探索锚固长度、筋材直径、胶层厚度以及初始缺陷等因素对木材与筋材黏结-滑移性能的影响。有限元分析结果表明，植筋节点拔出承载力随着锚固长度和钢筋直径的增加而增加，与试验研究结论相一致，同时更加直观地展现了黏结应力的分布特征，阐释了节点破坏机理，验证了理论模型的可靠性。

### 1.2.2 木材表面嵌筋黏结性能研究现状

木材表面嵌筋是一种特殊形式的植筋方式，植筋位置位于木材表面。筋材通过植筋胶黏结于预先开好的木槽内，当胶体硬化后，筋材与木材能够共同受力、协同工作，与内部植筋节点的工作机理基本一致。目前，对木材内部植筋节点的研究开展充分，但是考虑到表面嵌筋的特殊性，筋材与木材三面黏结，外露胶层缺少充足的约束，且易发生破坏，因此需要进一步开展木材与表面嵌筋的黏结性能研究，以验证该种新型植筋方式的可靠性。

Raftery 将 FRP 筋材黏结于木梁底部区域，目的是提升其弯曲性能，结果表明加固后木梁的抗弯性能和刚度提升显著，表明嵌筋与木材具有良好的黏结性能。周长东提出在受拉区黏贴 CFRP 板、在受压区内嵌钢筋的木梁复合加固方法。试验研究表明，拉、压区复合加固方法能够提升木梁的承载力和刚度。相关研究证实了表面内嵌筋材加固木梁方法具有可靠性，木材与表面嵌筋之间可以建立可靠的黏结作用。Sena-Cruz 设计并开展了试验研究，目的是探索木材与其表面嵌筋之间的黏结性能，并指出锚固长度、筋材种类和开槽尺寸是关键影响因素。Corradi 探究了木材与嵌筋之间的黏结强度，并且给出了黏结应力沿锚固长度的分布规律。张富文设计了特殊形式的试件，并基于拔出试验探索了木材种类和锚固长度对黏结性能的具体影响，基于试验数据提出了改进的平均黏结应力-滑移模型。结合既有研究可知，目前针对木材与其表面嵌筋的黏结性能研究开展得不够充分，虽已有部分相关研究，但仍需进一步的探究来分析黏结性能的影响因素，并提出相应的理论，以指导表面嵌筋加固方法的工程实践。

# 1.3　加固木柱轴压性能

## 1.3.1　外包纤维布加固木柱受压性能研究现状

碳纤维增强复合材料轻质高强、易于裁剪，在提高构件承载力时基本不增加自重，对构件外观和尺寸的改变和影响较小；且经久耐用，可设计性强，满足多种特殊加固需求，施工简便快捷，在土木工程加固领域具有广泛的应用前景。近年来，CFRP 材料广泛应用于混凝土结构的加固研究，横向黏贴 CFRP 布加固混凝土柱能够约束和限制混凝土的横向膨胀，使混凝土处于三向受压状态，从而显著提升混凝土柱的承载和变形能力。鉴于 CFRP 布高效的加固性能，有学者将其应用于对木柱的加固。张大照开展了采用 CFRP 布加固木柱的轴压试验研究，结果表明木柱的强度、刚度和变形性能均得到有效提升。针对损伤和老化木柱，周乾和许清风等采用外包 CFRP 的方法对木柱进行加固，研究表明木柱的工作性能得到长足的提升，部分损伤木柱的承载力可恢复到未损伤前的水平。近年来，有学者研究了 FRP 布的种类和层数、布置形式、木材种类、木柱截面形状等众多影响因素，可知外包 FRP 布是一种有效的木柱加固方法。基于 FRP 加固木柱的轴压性能试验研究，有学者建立了相应的加固木柱承载力计算理论。邵劲松通过分析峰值应变比和约束刚度比的关系，给出采用 FRP 加固木柱的受压承载力计算公式，能够较好地预测试验结果。他进而提出了 FRP 加固木柱轴压增量应力-应变模型，为 FRP 加固木柱的实际工程应用提供了重要的理论支撑。淳庆使用碳-芳混杂 FRP 布加固圆形木柱，其轴压试验表明加固木柱的抗压强度和极限应变均得到提升。基于试验数据，他提出了 FRP 约束木柱的受压承载力计算公式。FRP 布可以对木柱产生横向约束作用，延缓木柱的横向弯曲变形，并使木材处于三向受压状态，从而提升材料的受压性能。虽然 FRP 布能够有效提升木柱的变形能力，但是对承载力的提升程度有限，因而需要改进该种方法，或提出新型加固方法，以进一步提升木柱受压性能。

## 1.3.2　表面嵌筋加固木柱受压性能研究现状

表面嵌筋是一种新兴的加固方法，首先应用于对混凝土梁的加固，之后有学者采用该种方法加固木梁。由工程实践可知，表面嵌筋能够与构件协同变形、共同工作，对结构承载能力和变形能力有明显的提升。继而表面嵌筋加固方法用于对木柱的加固。淳庆开展了表面嵌筋加固木柱的轴压试验，结果表明，经加固后木柱的受压承载力得到一定程度的提升。采用 CFRP 筋加固木柱后，松木的轴压承载力提升了 $6.2\%\sim26.9\%$，杉木的提升幅度为 $26.4\%\sim47.1\%$。木柱的峰值应变也有一定幅度的提升，后期塑性变形较小。在木柱表面内嵌 CFRP 板材之后，木柱的承载力具有相近的提升幅度，基于试验数据回归，某些学者建立了内嵌 CFRP 板材加固木柱的轴压承载力计算公式。张洋同样采用 CFRP 片材加固了圆形短木柱，其轴压试验结果验证了嵌筋加固方法的可靠性。木柱表现为木纤维的压溃和错动，加固木柱的承载力、弹性阶段刚度和塑性阶段延性均得到有效的提升。虽然表面内嵌筋材的加固方法能够提升木柱的承载力，但是内嵌筋材易于屈曲，不能够为木柱提供充足的约束效力，因而其加固效果受到削弱。

### 1.3.3　复合加固木柱受压性能研究现状

考虑到外包 CFRP 布和表面嵌筋加固方法的优势，可将两种方法结合起来对木柱进行复合加固。表面嵌筋能够承担竖向荷载，缓解木材的横向变形；外包 FRP 布则可以约束木材的横向变形，并防止内嵌筋材过早发生屈曲。可以预见，内嵌筋材外包 CFRP 布的复合加固方法能够有效提升木柱的受压性能。朱雷在木材表面嵌入 FRP 筋，并环向缠绕 CFRP 布进行复合加固，相应的试验研究表明，复合加固方法能够有效提升木柱的受压承载力和延性。基于试验数据，他提出了抗压强度理论，并指出复合加固方法可应用于木结构维修加固的工程实践。但是目前极度缺乏有关复合加固木柱受压性能的研究，木柱截面形状、内嵌筋材数量、外包 FRP 布的种类和层数等因素对加固效果的影响不够明确，因而不能指导复合加固方法的工程实践。目前针对复合加固木柱的受压承载力理论和本构模型的研究开展得较少，需要进一步探索、确定相应的计算理论，从而为复合加固方法的实际应用提供理论支撑。

## 1.4　加固木柱抗震性能研究

### 1.4.1　木结构抗震性能研究现状

古建筑木结构因其良好的抗震性能受到国内外专家学者的一致好评，大量研究聚焦到关键结构部位的抗震性能。周乾等致力于中国古建筑木结构的抗震机理研究，通过对故宫太和殿的分析论证，指出合理的结构布局可以避免扭转，柱底可滑移减震，榫卯节点和斗拱能够持续耗能，因而整体结构具有良好的抗震性能。有学者开展相关研究以探索木结构框架的抗震机理。将大量木构架的缩尺模型应用于低周往复荷载试验，讨论了木构架的破坏形态、滞回性能、强度和刚度退化以及耗能特性。相比于钢结构和混凝土框架，木构架具备良好的抗震性能。基于梁柱理论，有学者建立了相应的木构架抗侧计算理论，模型预测与试验结果吻合良好。

毋庸置疑，目前绝大多数木结构抗震性能的研究聚焦于榫卯节点的工作机理。周乾对故宫太和殿斗拱进行了竖向静力和水平低周往复荷载试验，结果表明，斗拱沿侧向加载更容易发生损伤破坏，他基于抗震特性参数建立了斗拱的抗侧力模型。薛建阳探究不同松动程度古建筑榫卯节点的抗震性能，强调松动榫卯节点弯矩、刚度和耗能均低于完好节点。潘毅以中国西南地区穿斗式木结构为研究对象，建立了不同形式榫卯节点的力学模型，并分析了布置铺作层对结构抗震性能的影响。谢启芳探究了残损斗拱节点和榫卯节点的抗震性能，建立了简化的节点弯矩-转角计算模型。柱脚节点同样是古建筑木结构的关键耗能部件，需要对其力学性能进行分析，从而为保护木结构提供借鉴和参考。贺俊筱建立了正常工作状态下柱脚剩余弯矩、转动弯矩和木柱抗侧力与几何、材料和荷载参数之间的力学模型，并通过足尺试验和数值模拟验证了理论模型的正确性。姚侃通过试验与理论分析指出，木柱与柱础通过摩擦滑移而隔震耗能，并给出滑移量的计算公式。万佳对宋式三等材和七等材单柱摩擦体系进行了静力和动力的有限元分析。

### 1.4.2 FRP加固木结构抗震性能研究现状

张凤亮采用CFRP布加固木结构榫卯节点，并完成了木构架的振动台试验，结果表明CFRP布能够提升节点的抗震性能；基于试验和数值分析，他提出了CFRP布加固榫卯节点的抗弯承载力设计方法及相应的加固设计建议。谢启芳采用CFRP布加固了木构架缩尺模型，经过低周往复荷载试验，讨论了加固试件的破坏特征、滞回曲线、刚度退化和耗能等特性，建立了相应的恢复力模型；并强调CFRP布对榫卯节点强度和刚度的提升较小，适用于破损程度轻微的木节点。周乾制作了1∶8的榫卯节点缩尺模型，并采用CFRP布对其进行加固，其静力试验结果表明，经加固后，节点拔榫量减小，抗弯承载力和耗能均得到提高。陆伟东、淳庆、薛自波等均采用CFRP布加固了木结构榫卯节点，结果表明CFRP布能够提升榫卯节点的抗震性能。

### 1.4.3 复合加固木柱抗震性能研究现状

目前本领域对于古建筑木结构抗震性能的研究开展得较为广泛，但是研究内容主要集中于木结构节点的抗震性能分析，针对木柱的研究多关注于柱脚节点的工作机理。内嵌钢筋外包CFRP布是一种新型的木柱复合加固方法，因而涉及复合加固方法的相关文献研究相对较少。需要说明的是，目前复合加固方法应用于混凝土柱的加固研究相对较多。Faustino通过混凝土柱的低周往复荷载试验证实了内嵌筋材外包CFRP布复合加固方法的可靠性，且加固混凝土柱的承载力和变形能力均得到显著的提升。Jiang采用复合加固方法加固了缩尺桥墩柱，拟静力试验结果指出，复合加固方法能够恢复损伤混凝土墩柱的抗弯性能。相似的一些研究证实了复合加固方法对于混凝土柱构件抗震性能的改善效果。因此，为探究内嵌钢筋外包CFRP布复合加固方法对木柱抗震性能的加固效果，有必要开展相应的滞回性能研究。与此同时，在现代木结构中，柱网作为主要的抗侧力体系，需要对复合加固木柱的抗震性能进行分析验证。

# 2 木材与表面嵌筋黏结性能试验

## 2.1 引言

初期植筋技术是针对混凝土结构的一种加固方法，之后在现代木结构中得到广泛的研究和应用。因其外形美观、施工方便、力学性能明确等突出优势，木结构植筋技术得以推广和应用。木材表面嵌筋是一种特殊形式的植筋方式，该种嵌筋方法不但可以应用于现代木结构梁柱节点的连接，而且适用于木柱、木梁等结构构件的加固。因此，表面嵌筋技术具有重要的工程应用价值，不过目前鲜有报道木材与表面嵌筋的研究，需要开展相应的黏结性能研究，从而为该种方法的实际工程应用提供必要的参考和帮助。

本章主要开展了中心拔出试验，以探究木材与其表面内嵌钢筋之间的黏结性能；参考既有木材植筋节点黏结性能的研究，探索出了适用于研究木材与表面嵌筋黏结性能的拔出试验方法；描述试验现象，并总结归纳出试件典型的破坏形态；基于对试验荷载、相对滑移和钢筋应变数据的测量结果，绘制出了各试件的荷载-滑移曲线和钢筋应变沿锚固长度的分布曲线；讨论了锚固长度、钢筋直径、胶层厚度和开槽尺寸等因素对黏结性能的影响，最后对比了内贴应变片与外黏裸光纤光栅两种应变传感器的数据采集效果。

## 2.2 黏结-滑移试验概况

### 2.2.1 试验材料

试验用木材为红松原木，具体物理力学性能参数列于表 2-1 之中。依据相关规范，采用无瑕疵小试样测定木材的材料性能，表中所示结果为 8 个试样的平均值。木材密度和含水率的测定分别依据《无疵小试样木材物理力学性质试验方法 第 5 部分：密度测定》GB/T 1927.5—2021 和《无疵小试样木材物理力学性质试验方法 第 4 部分：含水率测定》GB/T 1927.4—2021。顺纹抗压强度和顺纹抗剪强度（弦向）的量测分别参照《无疵小试样木材物理力学性质试验方法 第 11 部分：顺纹抗压强度测定》GB/T 1927.11—2022 和《无疵小试样木材物理力学性质试验方法 第 16 部分：顺纹抗剪强度测定》GB/T 1927.16—2022。并根据现行国家规范《无疵小试样木材物理力学性质试验方法 第 10 部分：抗弯弹性模量测定》GB/T 1927.10—2021 完成木材抗弯弹性模量的测定。

| 材料 | 密度<br>(g·cm⁻³) | 含水率<br>(%) | 顺纹抗压强度<br>(MPa) | 顺纹抗剪强度<br>(MPa) | 弹性模量<br>(MPa) |
|---|---|---|---|---|---|
| 红松 | 0.480 | 10.5 | 45.1 | 9.1 | 11090 |

木材材料参数 　表 2-1

选用 HRB400 带肋钢筋，采用 16mm 和 20mm 两种钢筋直径。参照相应的规范《钢筋混凝土用钢 第 2 部分：热轧带肋钢筋》GB/T 1499.2—2018 和《钢筋混凝土用钢材试验方法》GB/T 28900—2022 完成钢筋的拉伸试验，表 2-2 中列出了试验用钢筋具体的材料性能参数。

钢筋材料性能参数 　表 2-2

| 钢筋牌号 | 公称直径(mm) | 屈服强度(MPa) | 抗拉强度(MPa) | 弹性模量(MPa) | 最大力总延伸率(%) |
|---|---|---|---|---|---|
| HRB400 | 16 | 455 | 645 | $2.0 \times 10^5$ | 14 |
| | 20 | 453 | 586 | $2.0 \times 10^5$ | 12 |

采用植筋胶将钢筋黏结于木槽内，考虑到实际工程应用和施工难易程度，所选用的植筋胶应具备一定的黏稠度，且流动性较差。通过对国内植筋胶产品的测试和比选，本书试验采用一种双组份的环氧树脂植筋胶将钢筋黏结于木槽内，该植筋胶由中德新亚建筑材料有限公司生产，其主要成分为 JGN805。植筋胶的主要材料性能列于表 2-3，各项参数均由生产厂家提供。

植筋胶材料性能参数 　表 2-3

| 性能指标 | 技术指标 | | 检测结果 | 单项评定 |
|---|---|---|---|---|
| | A 级 | B 级 | | |
| 劈裂抗拉强度(MPa) | ≥8.5 | ≥7.0 | 11.5 | A 级 |
| 抗弯强度(MPa) | ≥50 | ≥40 | 70.5 | A 级 |
| 抗压强度(MPa) | ≥60 | ≥60 | 83.5 | A 级 |
| 钢对钢拉伸抗剪强度标准值(MPa) | ≥10 | ≥8 | 16.1 | A 级 |

## 2.2.2 试件设计

参考混凝土与筋材的黏结-滑移试验研究以及木材与筋材的植筋锚固性能研究，图 2-1 列出了探究木材与筋材黏结-滑移性能常用的四种试验方法，分别为对拉试验、梁式试验、锚固试件试验以及中心拔出试验。

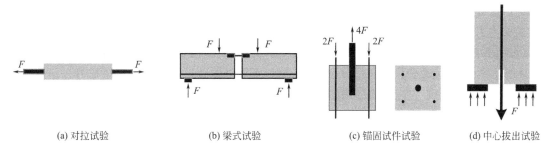

(a) 对拉试验　　(b) 梁式试验　　(c) 锚固试件试验　　(d) 中心拔出试验

图 2-1　木材与筋材黏结-滑移试验方法

对拉试验方法：首先在试件一端建立可靠的锚固，之后通过对两端筋材的对拉，探究锚固较弱端筋材与木材的黏结性能。该试验方法多应用于探究木结构构件内部植筋节点的锚固性能。

梁式试验方法：在木梁底部表面内嵌筋材，通过四点弯曲试验将筋材拔出，以探究木材与筋材的黏结性能。由于梁中部存在纯弯段，该试验方法能够真实地反映滑移特性。但是因其操作复杂且花费较高，不适用于具有大容量样本的黏结性能试验研究。

锚固试件试验方法：具体的操作为通过锚杆将木材试件固定，之后中心拔出筋材探究木材与筋材的黏结性能。虽然该试验方法操作简便可靠，但是由于需要采用锚杆穿过木材以固定试件，试件的锚固长度不宜过长。因此，该方法多应用于探究筋材与横纹方向木材的黏结特性。

中心拔出试验方法：通过反力装置将试件固定，从中心拔出筋材以探究黏结性能。对于筋材与混凝土或木材的黏结性能研究，该试验方法的使用频率最高。考虑到中心拔出试验方法操作简便快捷，试验结果可靠，并能够探究多种试验影响因素，因而本书选用该方法以探究木材与其表面嵌筋之间的黏结-滑移性能。

区别于木材与其内部植筋的黏结特性研究，本书试验中钢筋嵌于木材表面，考虑植筋边距、钢筋直径、锚固长度等影响因素的初始试验试件如图 2-2 所示。初始试件的几何尺寸为 $210\text{mm} \times 150\text{mm} \times 95\text{mm}$，钢筋黏结于试件表面的木槽之中。有学者探究了试件截面尺寸对钢筋与木材黏结性能的影响，提出为防止木材过早的劈裂破坏，植筋边距（钢筋中心线到试件外边沿的距离）应大于 $2.3d$。有研究为了确保筋材的顺利拔出，采用了 $3d$ 和 $3.75d$ 的设计植筋边距。基于相关研究，为防止木材

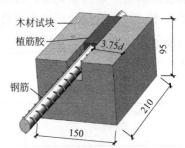

图 2-2　初始试验试件（单位：mm）

在钢筋拔出过程中过早发生劈裂破坏，本书试件的设计植筋边距为 $3.75d$，该参数具有可靠性。

确定初始试件的尺寸后，作者开展了试探性试验研究，如图 2-3 所示为中心拔出试验装置及试件的受力分析。由图中的受力分析可知，钢筋受到垂直向下的拔出力 $F$ 作用，植筋胶层将拔出力 $F$ 转变为作用于木材的分布黏结应力 $\tau$。同时，反力架作用于木材试件底部，产生分布荷载 $q$。分布荷载 $\tau$ 和 $q$ 的共同作用产生使木材试件发生转动的弯矩 $M$。随着试验荷载持续不断地增加，木材底部产生压缩变形，靠近钢筋区段的木材受压变形显著，而远离钢筋区段的木材压缩变形较小。在试验过程中，在转动弯矩 $M$ 和木材底部不均匀压缩变形的共同作用下，试件发生倾斜，如图 2-3（b）中的虚线部分所示。垂直向下的试验力 $F$ 分解为沿着木材试件长度方向的力 $F_1$ 以及垂直于木槽长度方向的力 $F_2$。在力 $F_2$ 作用下，钢筋并未完全沿着木槽中心拔出，而倾向于剥离破坏。考虑到钢筋三面黏结于木槽，外覆胶层属于薄弱部位，力 $F_2$ 易导致钢筋外覆胶层发生脆性劈裂破坏。分力 $F_2$ 的作用会影响到中心拔出试验结果的准确性和可靠性。

为解决初始试验试件的偏心受力问题，对试件进行了改进（图 2-4），试件长×宽×高变为 $210\text{mm} \times 150\text{mm} \times 160\text{mm}$。改进后的试件形式更加接近传统的中心拔出试件，进而能够缓解偏心受力问题。试件的具体制作过程如下：首先，按照既定的尺寸加工木材试

块，并在规定的位置采用铆钉进行钻孔（钻孔目的是为后续准确定位，并黏结两块木方）。其次，将木方分割为Ⅰ块和Ⅱ块，并在Ⅱ块表面按照预定尺寸开木槽；采用塑料胶带缠绕并确定钢筋的锚固长度，之后将钢筋放置于木槽中心位置，空隙填充植筋胶；为确保内嵌钢筋与木材的三面黏结，在Ⅱ块外露胶面黏贴塑料胶带，从而阻隔外露植筋胶与Ⅰ块的黏结；之后通过铆钉将Ⅰ块和Ⅱ块黏结为一个整体，Ⅰ块和Ⅱ块的黏结区域为木槽之外的木材表面。最后，在试件上方施加一定的压力，确保两个木块之间能够建立可靠的黏结。将制作完备的试件在 20℃室温和 50％湿度环境中养护 7d 左右，便可进行中心拔出试验。

(a) 初始试验装置

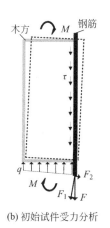

(b) 初始试件受力分析

图 2-3　初始试验装置及试件受力分析

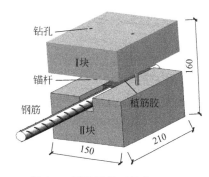

图 2-4　试验试件（单位：mm）

为研究木材与其表面内嵌钢筋的黏结-滑移性能，同时考虑锚固长度、钢筋直径、胶层厚度和开槽深度等因素的影响，本章设计并制作了 10 组共 63 个试验试件。具体分组如表 2-4 所示，试件的相关参数均列于表内。试验中主要探究 16mm 和 20mm 两种钢筋直径以及 80mm、120mm 和 160mm 三种锚固长度对木材和内嵌钢筋黏结性能的影响。此外，研究了 2mm 和 4mm 两种胶层厚度以及 28mm 和 32mm 两种开槽深度对锚固性能的影响。表 2-4 中的试件编号代表该组试件的各参数值，以试件 S-16-80-4-24 为例，该试件的钢筋直径为 16mm，锚固长度为 80mm，胶层厚度为 4mm，开槽深度为 24mm。另外，表 2-4 中"边径比"的含义为试件植筋边距与钢筋直径的比值，后续试件拔出承载力计算中会涉及该参数的使用。

试件设计参数　　　　　　　　　　　　　　　　表 2-4

| 试件编号 | 钢筋直径（mm） | 锚固长度（mm） | 胶层厚度（mm） | 开槽尺寸（mm×mm） | 边距（mm） | 边径比 | 试件数量（个） |
|---|---|---|---|---|---|---|---|
| S-16-80-4-24 | 16 | 80 | 4 | 24×24 | 68 | 4.25 | 10 |
| S-16-120-4-24 | 16 | 120 | 4 | 24×24 | 68 | 4.25 | 10 |
| S-16 160-4-24 | 16 | 160 | 4 | 24×24 | 68 | 4.25 | 6 |
| S-20-80-4-28 | 20 | 80 | 4 | 28×28 | 66 | 3.3 | 6 |
| S-20-120-4-28 | 20 | 120 | 4 | 28×28 | 66 | 3.3 | 10 |

续表

| 试件编号 | 钢筋直径<br>（mm） | 锚固长度<br>（mm） | 胶层厚度<br>（mm） | 开槽尺寸<br>（mm×mm） | 边距<br>（mm） | 边径比 | 试件数量<br>（个） |
|---|---|---|---|---|---|---|---|
| S-20-160-4-28 | 20 | 160 | 4 | 28×28 | 66 | 3.3 | 9 |
| S-16-80-2-20 | 16 | 80 | 2 | 20×20 | 70 | 4.375 | 3 |
| S-16-120-2-20 | 16 | 120 | 2 | 20×20 | 70 | 4.375 | 3 |
| S-20-80-4-32 | 20 | 80 | 4 | 28×32 | 62 | 3.1 | 3 |
| S-20-120-4-32 | 20 | 120 | 4 | 28×32 | 62 | 3.1 | 3 |

### 2.2.3 试验装置和数据量测

试验装置如图 2-5 所示，中心拔出试验通过一台 300kN 电液伺服万能试验机完成，采用位移控制加载，速率为 $1mm \cdot min^{-1}$。由试验准备阶段的探索性试验可知，当加载位移达到 8mm 或 9mm 时，钢筋与木材的黏结试件仅存在微小的残余力。因此，试验中规定，当试验机加载位移达到 10mm，或试件发生显著的脆性破坏时，试验停止。部分试件的钢筋内部黏贴了应变片，目标是得到钢筋在滑移过程中的应变分布。具体操作步骤如下：首先，采用线切割技术将钢筋切割为两部分，在钢筋切开面铣出 4mm×2mm 的凹槽；然后，选用应变栅尺寸为 1mm×1mm 的电阻应变片，按照预定位置黏贴于钢筋凹槽内，并将应变片导线由钢筋底部按标号顺序伸出，应变测点的具体布置见图 2-6；最后，将两半钢筋通过涂抹于切割面的环氧树脂胶体黏结拢，采用铁丝施加压力以紧固。试验过程中的拔出荷载由荷载传感器采集，加载端钢筋相对于木材的滑移量由位移传感器记录。荷载、相对位移和钢筋应变等数据均由一台动态应变测试系统以 100Hz 的频率同步采集得到。

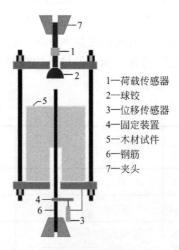

1—荷载传感器<br>2—球铰<br>3—位移传感器<br>4—固定装置<br>5—木材试件<br>6—钢筋<br>7—夹头

(a) 试验装置实物图　　　　　　(b) 试验装置简图

图 2-5　试验装置

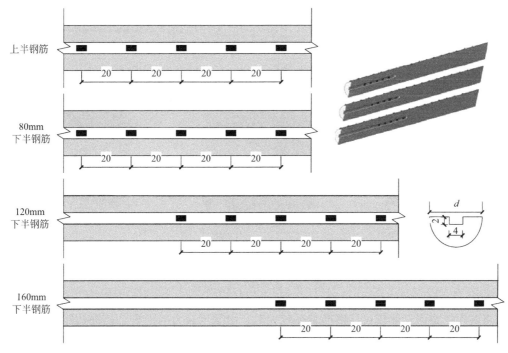

图 2-6 钢筋内应变片布置（单位：mm）

## 2.3 试验结果分析

### 2.3.1 试验现象

试验初期，试件并无明显的试验现象。当试验荷载增加到 30～40kN 时，试件产生清脆的木纹撕裂声，声响有间隔。随着试验荷载上升到峰值的 70%～80%，木纤维的撕裂声变得连续，部分试件钢筋自由端处的木材表面有细微裂缝开展。随着试验荷载的继续增加，自由端木材表面的微裂缝发生缓慢延伸。当达到试件的峰值荷载时，伴随着一声巨响，钢筋自由端木材表面出现明显的开裂，同时可以观察到钢筋自由端的滑移。过峰值荷载后，钢筋的滑移作用明显，而木材表面的裂缝发展较为缓和，在钢筋与胶体的机械咬合和摩擦作用下，试件发出"咯咯"的响声。试验中能观察到的现象为木纤维发出撕裂声，以及钢筋自由端木材表面裂缝的开展。

### 2.3.2 破坏形态

试件有四种典型的破坏形式，分别是钢筋的拔出破坏、木材的劈裂破坏、钢筋拔出与木材开裂相结合的混合破坏以及剪切承载力不足导致的木材剪切破坏。

锚固长度短、钢筋直径较小的试件主要发生拔出破坏，其破坏过程较为缓和，无明显的试验现象。试验开始前，钢筋自由端伸出木材试件约 50mm，当试验结束后，该长度明显缩短，表明钢筋与木材发生相对滑移，并被拔出。随着钢筋缓慢拔出，破坏发生在钢筋与植筋胶的黏结界面，表现为钢筋与胶体化学的胶结作用和摩阻力的逐步衰减。由于锚固长度相对较短，且钢筋直径较小，钢筋横肋与植筋胶的机械咬合作用所产生的挤压力不足以使木材开裂。图 2-7 展示了拔出破坏形态。

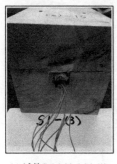  

(a) 试件S-16-80-4-24-(3)　　　　(b) 试件S-16-120-4-24-(2)　　　　(c) 试件S-20-120-4-28-(2)

图 2-7　典型试件拔出破坏

当试件的锚固长度较长且钢筋直径较大时，由于承载力的提升、植筋边距的减小以及机械咬合作用，试件易发生木材的劈裂破坏。钢筋与植筋胶具有较大的黏结面积，因而钢筋发生滑移时的初始刚度相对较大。钢筋发生微滑移时，黏结界面开始积聚化学胶结力和摩阻力所产生的能量。当钢筋的滑移量增大，上述积聚的能量得以释放，在钢筋横肋沿着锚固长度对木材产生的瞬时挤压作用下，木材裂缝迅速开展、延伸和贯通，进而表现为木材的劈裂破坏。该种破坏往往具有显著的脆性特征，木材的裂缝从木槽贯穿到试件边沿，开展彻底，且破坏时伴随有巨响。图 2-8 为试件的劈裂破坏形态。

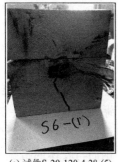  

(a) 试件S-20-120-4-28-(5)　　　　(b) 试件S-20-80-4-32-(1)　　　　(c) 试件S-20-120-4-32-(1)

图 2-8　典型试件劈裂破坏

大多数试件的破坏表现为钢筋拔出与木材开裂相结合的混合破坏形式，介于钢筋的拔出破坏与木材的劈裂破坏之间。由于钢筋与胶体的黏结面积适中，因而在试验过程中，初始摩阻力和化学胶结力衰减缓慢，且积聚的能量通过钢筋的微滑移释放。进而逐步建立钢筋与胶体的机械咬合作用，钢筋缓慢施加对胶体的挤压力而非瞬时作用，木材受到挤压作用产生微裂缝，但不会出现显著的贯通裂缝。该种破坏形态能够表现出一定的延性，达到峰值荷载时，木材开裂并伴随巨响，试验荷载突降。之后，随着钢筋拔出，荷载缓慢下降，钢筋与胶体之间的黏结作用主要为摩擦力和机械咬合力。最终试件表现为钢筋的拔出以及木材的开裂相结合的混合破坏形式，图 2-9 为试件的混合破坏形态。

  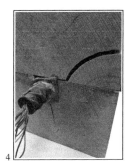

(a) 试件S-16-120-4-24-(1)　　　(b) 试件S-20-80-4-28-(1)　　　(c) 试件S-20-160-4-28-(3)

图 2-9　典型试件混合破坏

当内嵌钢筋与木材具有较长的黏结长度时，化学胶结作用良好，钢筋在试验过程中未发生滑移，而当木材的抗剪承载力不足时，易发生剪切破坏。当试验荷载达到峰值时，由于可靠的化学胶结作用使钢筋仅发生微滑移，且嵌筋外露胶层完好，表明钢筋与胶体保持着良好的黏结状态。此时，胶体与木材黏结区域的木材纤维抗剪承载力不足，木材便会发生脆性剪切破坏。破坏往往会导致试件承载力骤降，并伴随有巨响，部分试件完全丧失承载能力。图 2-10 中列出了剪切破坏形态。

(a) 试件S-20-160-4-28-(1)　　　(b) 试件S-16-120-2-20-(1)　　　(c) 试件S-20-120-4-32-(2)

图 2-10　典型试件剪切破坏

### 2.3.3　荷载-滑移曲线

图 2-11 为试验中各组试件的荷载-滑移曲线，横坐标是加载端钢筋相对于木材的滑移量。根据分布特征，可将荷载-滑移曲线分为三个组成部分，分别是微滑移段、滑移段和下降段。微滑移段为初始阶段斜率较小的线段，钢筋发生微滑移时，黏结作用主要表现为化学胶结力。随着荷载的增加，曲线进入滑移段，此时化学胶结力逐渐衰减，而摩擦力和机械咬合力成为黏结作用的主要表现形式。由于三种黏结力的共同作用，滑移段曲线的斜率有所增加。当试验荷载接近峰值时，曲线斜率逐渐减小，此时摩擦力和机械咬合力提供钢筋与胶体之间的主要黏结力。当试验荷载过峰值后，曲线进入下降段，试件的破坏形态

不同,荷载-滑移曲线下降段的分布也有所不同。当钢筋被缓慢拔出时,曲线下降段为斜率较缓的直线。当试件发生劈裂破坏或剪切破坏时,曲线下降段为垂直直线,表明试件发生脆性破坏,荷载下降显著。

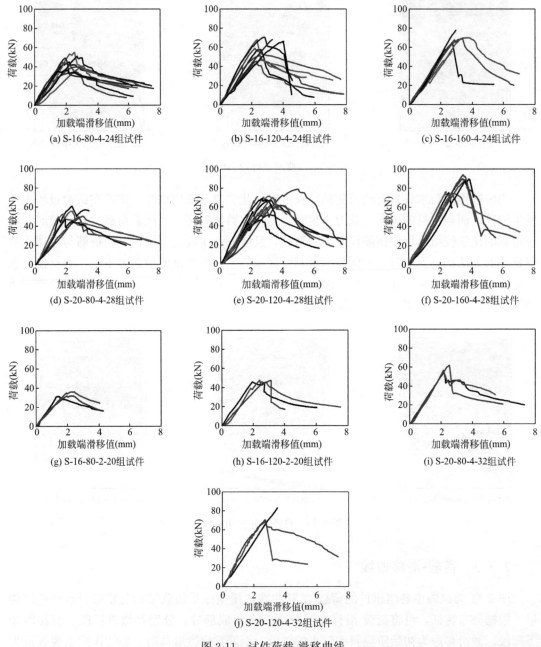

图 2-11　试件荷载-滑移曲线

当试件的锚固长度较小或者较大时,同一组试件的曲线分布规律较为接近,仅下降段存在一定的差异。但是当试件的锚固长度为120mm时,同一组各试件的曲线分布规律较为离散,表现出不同的分布特征。对比各组曲线的上升段和下降段斜率可知,钢筋与胶体之间的黏结刚度随着锚固长度和钢筋直径的增加而呈上升趋势。由于试验中将钢筋黏结于木槽，考虑到木材自身的离散特性、三面黏结存在的薄弱外覆胶层以及三种材料两个黏结面的不确定性等因素，试验结果不可避免地存在一定的离散性。

表 2-5 中所列数据为试件的试验结果，采用相对标准差反映试件峰值荷载的离散程度。表中峰值位移的定义如下：当试件拔出荷载达到峰值时，加载端钢筋相对于木材发生的相对滑移量。平均黏结应力通过试验荷载、锚固长度和钢筋直径计算得到，具体计算见式（2-1）。试件编号后括号内数字为 1～6 的试件采用了钢筋内贴应变片，编号后括号内数字为 7～10 的试件其内嵌钢筋未布置应变片［试件 S-20-120-4-28-（7）除外］。由于试件的试验数据或图片丢失，无法给出表 2-5 中的部分试验结果。

$$\tau_a = P_u/(\pi d l_a) \tag{2-1}$$

式中　$\tau_a$——平均黏结应力（MPa）；

　　　$P_u$——极限荷载（kN）；

　　　$d$——钢筋直径（mm）；

　　　$l_a$——锚固长度（mm）。

试验结果

表 2-5

| 试件编号 | 峰值荷载（kN） | 峰值荷载平均值（kN） | 相对标准差（kN） | 峰值位移（mm） | 平均黏结应力（MPa） | 平均黏结应力平均值（MPa） | 破坏形态 |
|---|---|---|---|---|---|---|---|
| S-16-80-4-24-（1） | 44.85 | | | 2.19 | 11.15 | | 拔出破坏 |
| S-16-80-4-24-（2） | 39.75 | | | 2.57 | 9.89 | | 拔出破坏 |
| S-16-80-4-24-（3） | 33.66 | | | 2.39 | 8.37 | | 拔出破坏 |
| S-16-80-4-24-（4） | 55.06 | | | 2.49 | 13.69 | | 拔出破坏 |
| S-16-80-4-24-（5） | 40.73 | 43.22 | 6.96 | 3.08 | 10.13 | 10.75 | 混合破坏 |
| S-16-80-4-24-（6） | 51.14 | | | 2.68 | 12.72 | | 混合破坏 |
| S-16-80-4-24-（7） | 44.64 | | | 1.75 | 11.10 | | 混合破坏 |
| S-16-80-4-24-（8） | 48.98 | | | 1.92 | 12.18 | | 拔出破坏 |
| S-16-80-4-24-（9） | 36.89 | | | 1.97 | 9.17 | | 混合破坏 |
| S-16-80-4-24-（10） | 36.49 | | | — | 9.07 | | |
| S-16-120-4-24-（1） | 57.71 | | | 2.51 | 9.57 | | 混合破坏 |
| S-16-120-4-24-（2） | 58.99 | | | 2.20 | 9.78 | | 拔出破坏 |
| S-16-120-4-24-（3） | 51.04 | | | 2.48 | 8.46 | | 混合破坏 |
| S-16-120-4-24-（4） | 67.92 | | | 2.35 | 11.26 | | 混合破坏 |
| S-16-120-4-24-（5） | 46.72 | 59.63 | 9.25 | 2.72 | 7.75 | 9.89 | 混合破坏 |
| S-16-120-4-24-（6） | 70.57 | | | 2.82 | 11.70 | | 拔出破坏 |
| S-16-120-4-24-（7） | 45.30 | | | 2.29 | 7.51 | | 混合破坏 |
| S-16-120-4-24-（8） | 68.07 | | | 3.34 | 11.29 | | 混合破坏 |
| S-16-120-4-24-（9） | 66.22 | | | 4.00 | 10.98 | | 混合破坏 |
| S-16-120-4-24-（10） | 63.76 | | | — | 10.57 | | — |

| 试件编号 | 峰值荷载（kN） | 峰值荷载平均值（kN） | 相对标准差（kN） | 峰值位移（mm） | 平均黏结应力（MPa） | 平均黏结应力平均值（MPa） | 破坏形态 |
|---|---|---|---|---|---|---|---|
| S-16-160-4-24-(1) | 63.70 | | | 2.75 | 7.92 | | 剪切破坏 |
| S-16-160-4-24-(2) | 69.98 | | | 3.72 | 8.70 | | 混合破坏 |
| S-16-160-4-24-(3) | 69.00 | 67.52 | 7.43 | 3.33 | 8.58 | 8.40 | 混合破坏 |
| S-16-160-4-24-(4) | 55.47 | | | 2.71 | 6.90 | | 剪切破坏 |
| S-16-160-4-24-(5) | 69.22 | | | 3.29 | 8.61 | | 剪切破坏 |
| S-16-160-4-24-(6) | 77.77 | | | 2.97 | 9.67 | | 剪切破坏 |
| S-20-80-4-28-(1) | 60.66 | | | 2.31 | 12.07 | | 混合破坏 |
| S-20-80-4-28-(2) | 50.35 | | | 2.97 | 10.02 | | 拔出破坏 |
| S-20-80-4-28-(3) | 49.76 | 52.70 | 4.86 | 2.77 | 9.90 | 10.48 | 混合破坏 |
| S-20-80-4-28-(4) | 52.81 | | | 1.80 | 10.51 | | 拔出破坏 |
| S-20-80-4-28-(5) | 55.60 | | | 2.25 | 11.06 | | 拔出破坏 |
| S-20-80-4-28-(6) | 47.04 | | | 1.90 | 9.36 | | 混合破坏 |
| S-20-120-4-28-(1) | 66.55 | | | 3.24 | 8.83 | | 混合破坏 |
| S-20-120-4-28-(2) | 69.78 | | | 3.34 | 9.25 | | 拔出破坏 |
| S-20-120-4-28-(3) | 78.91 | | | 4.93 | 10.47 | | 混合破坏 |
| S-20-120-4-28-(4) | 71.45 | | | 3.10 | 9.48 | | 混合破坏 |
| S-20-120-4-28-(5) | 62.47 | | | 3.26 | 8.29 | | 劈裂破坏 |
| S-20-120-4-28-(6) | 46.82 | 64.91 | 9.62 | 2.62 | 6.21 | 8.61 | — |
| S-20-120-4-28-(7) | 70.77 | | | 2.36 | 9.39 | | 劈裂破坏 |
| S-20-120-4-28-(8) | 61.74 | | | 3.83 | 8.19 | | 劈裂破坏 |
| S-20-120-4-28-(9) | 51.72 | | | 3.17 | 6.86 | | 混合破坏 |
| S-20-120-4-28-(10) | 68.90 | | | 2.66 | 9.14 | | 混合破坏 |
| S-20-160-4-28-(1) | 75.08 | | | 2.55 | 7.47 | | 剪切破坏 |
| S-20-160-4-28-(2) | 89.02 | | | 3.62 | 8.85 | | 剪切破坏 |
| S-20-160-4-28-(3) | 90.00 | | | 3.44 | 8.95 | | 混合破坏 |
| S-20-160-4-28-(4) | 75.98 | | | 2.34 | 7.56 | | 拔出破坏 |
| S-20-160-4-28-(5) | 74.71 | 83.17 | 7.55 | 2.76 | 7.43 | 8.27 | 混合破坏 |
| S-20-160-4-28-(6) | 89.56 | | | 3.83 | 8.91 | | 混合破坏 |
| S-20-160-4-28-(7) | 78.00 | | | 3.17 | 7.76 | | 混合破坏 |
| S-20-160-4-28-(8) | 94.03 | | | 3.48 | 9.35 | | — |
| S-20-160-4-28-(9) | 82.13 | | | — | 8.17 | | 拔出破坏 |
| S16-80-2-20-(1) | 31.31 | | | 1.32 | 7.79 | | 拔出破坏 |
| S16-80-2-20-(2) | 36.12 | 33.11 | 2.62 | 2.27 | 8.98 | 8.23 | 拔出破坏 |
| S16-80-2-20-(3) | 31.90 | | | 1.96 | 7.93 | | 拔出破坏 |

| 试件编号 | 峰值荷载<br>(kN) | 峰值荷载<br>平均值(kN) | 相对标准差<br>(kN) | 峰值位移<br>(mm) | 平均黏结<br>应力<br>(MPa) | 平均黏结<br>应力平均值<br>(MPa) | 破坏形态 |
|---|---|---|---|---|---|---|---|
| S16-120-2-20-(1) | 45.84 | | | 1.94 | 7.60 | | 剪切破坏 |
| S16-120-2-20-(2) | 47.60 | 46.98 | 0.99 | 2.40 | 7.89 | 7.79 | 拔出破坏 |
| S16-120-2-20-(3) | 47.50 | | | 3.12 | 7.87 | | 拔出破坏 |
| S-20-80-4-32-(1) | 54.67 | | | 2.19 | 10.88 | | 劈裂破坏 |
| S-20-80-4-32-(2) | 56.53 | 57.65 | 3.66 | 2.14 | 11.25 | 11.47 | 劈裂破坏 |
| S-20-80-4-32-(3) | 61.74 | | | 2.50 | 12.28 | | 剪切破坏 |
| S-20-120-4-32-(1) | 83.03 | | | 3.52 | 11.01 | | 劈裂破坏 |
| S-20-120-4-32-(2) | 70.58 | 74.01 | 7.89 | 2.72 | 9.36 | 9.82 | 剪切破坏 |
| S-20-120-4-32-(3) | 68.42 | | | 2.75 | 9.07 | | 拔出破坏 |

### 2.3.4　钢筋应变分布

采用钢筋内贴应变片的方法可得到钢筋应变沿锚固长度的分布曲线。图 2-12 所示为不同荷载等级下钢筋应变沿锚固长度的分布规律。图中采用同一组试件在相同荷载等级下的应变数据平均值作为代表值，通过相对标准差反映数据的离散程度。不同工况试件的应变曲线分布特征较为相近，仅应变数值存在明显的差别。靠近加载端区域，钢筋应变值较大，随着到加载端距离的增加，钢筋应变呈减小的趋势。当荷载等级较小时，钢筋锚固自由端的应变接近 $0\mu\varepsilon$。随着荷载等级的增加，自由端钢筋应变逐渐增加。当试验荷载达到峰值时，锚固自由端钢筋应变具有一定的数值，表明该处的钢筋产生微滑移。在较低的荷载等级下，加载端和自由端处相邻测点间的应变变化率要大于锚固中段的相应数值。随着荷载等级的增加，尤其是接近峰值荷载，相邻测点间的应变变化率呈上升趋势。当荷载达到峰值时，锚固中段相邻测点间的应变变化率要大于加载和自由端区域的相应数值。在相同荷载等级下，对于同一测点，锚固长度较长试件的钢筋应变大于锚固长度较短试件的相应数值，内嵌 20mm 钢筋试件的材料应变小于内嵌 16mm 钢筋试件的相应数值。

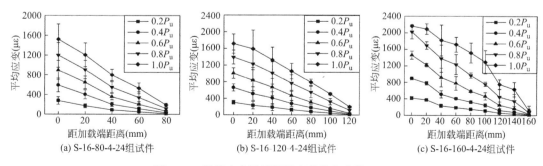

图 2-12　钢筋应变沿锚固长度的分布曲线（一）

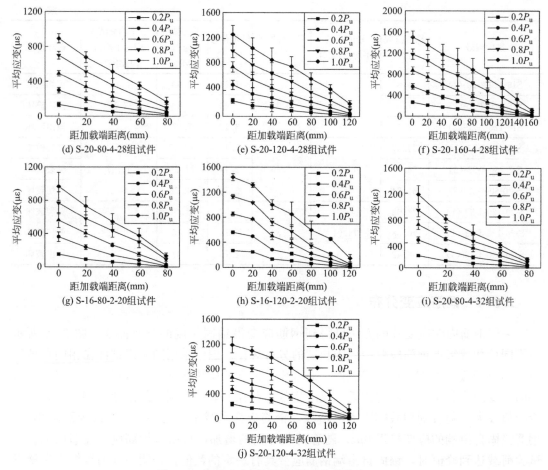

图 2-12 钢筋应变沿锚固长度的分布曲线（二）

# 2.4 黏结影响因素分析

## 2.4.1 锚固长度

锚固长度能够影响试件的破坏形态，当锚固长度较小时，试件易发生拔出破坏或混合破坏。随着锚固长度的增加，由于木材与筋材之间黏结性能的提升，部分试件的破坏表现为木材的剪切破坏。图 2-13 为不同锚固长度试件的黏结强度分布，其中以每组试件试验结果的平均值作为代表值，通过相对标准差反映数据的离散程度。由曲线分布规律不难发现，随着锚固长度的增加，试件的峰值荷载近似呈线性上升趋势，而平均黏结应力则不断下降。基于对不同锚固长度试件荷载-滑移曲线的分析可知，曲线峰值和下降段斜率随着锚固长度的增加而不断提升。当锚固长度较短时，同一工况下各试件的荷载-滑移曲线分布较为一致。当锚固长度较长时，同一组试件的荷载-滑移曲线分布表现出一定的离散性，这与试件的破坏形态相关。试验中当荷载达到峰值时，钢筋并未发生屈服，因此所得荷载-

滑移曲线并未表现出延性分布特征。后续研究中，应选取更多的锚固长度工况以探究其对木材与内嵌钢筋黏结性能的具体影响，进一步完善该部分研究。

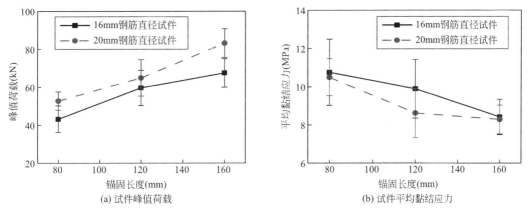

(a) 试件峰值荷载 （b) 试件平均黏结应力

图 2-13　不同锚固长度试件黏结强度

## 2.4.2 钢筋直径

不同钢筋直径试件的破坏形态较为相近，主要表现为拔出破坏或混合破坏。当锚固长度较长时，20mm 钢筋直径试件易发生木材的剪切破坏。同时，由于钢筋直径变大，木槽到试件边缘的植筋边距减小，部分试件易发生木材的劈裂破坏。图 2-14 对比不同钢筋直径试件的黏结强度，图中采用试验结果的平均值作为代表值，通过相对标准差反映数据的离散程度。相比于 16mm 钢筋直径试件，20mm 钢筋直径试件的峰值荷载在 80mm、120mm 和 160mm 锚固长度下分别提升了 21.9%、7.8% 和 23.2%。在不同锚固长度下，16mm 钢筋直径试件的平均黏结应力与 20mm 钢筋直径试件的数值较为接近，钢筋直径的变化不能显著影响试件的平均黏结应力。由试件的荷载-滑移曲线可知，钢筋直径能够影响曲线的峰值，但是不同钢筋直径试件的曲线上升段和下降段分布较为相似。当锚固长度较短时，不同钢筋直径试件的荷载-滑移曲线分布较为一致，曲线由完整的上升段和下降段组成；当锚固长度增加，不同钢筋直径试件的荷载-滑移曲线分布不一，呈现出明显的离散性，且下降段斜率增加；当锚固长度为 160mm 时，不同钢筋直径试件曲线的上升段分布较为一致，曲线下降段呈现不同的分布特征。

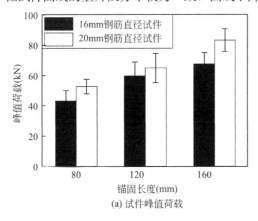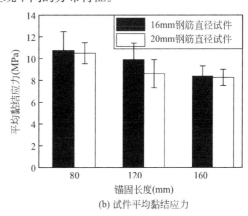

(a) 试件峰值荷载 （b) 试件平均黏结应力

图 2-14　不同钢筋直径试件黏结强度

### 2.4.3 胶层厚度

图 2-15 为不同胶层厚度试件的黏结强度对比。2mm 胶层厚度试件的峰值荷载小于 4mm 胶层厚度试件的数值。试件的平均黏结应力也具有类似的分布规律。当胶层厚度为 4mm 时，木材与钢筋之间的黏结强度大于胶层厚度 2mm 时的数值。当内嵌钢筋的外覆胶层厚度较小时，钢筋与胶体之间的化学胶结力和机械咬合力较小。当钢筋发生滑移时，由于外覆胶层厚度较小，胶体易发生脆性破坏，继而钢筋与胶体之间的黏结作用减弱，黏结强度降低。分析不同胶层厚度试件的荷载-滑移曲线可知，4mm 胶层厚度试件的峰值荷载和峰值位移均大于 2mm 胶层厚度试件的相应数值。4mm 胶层厚度试件的曲线下降段斜率要小于 2mm 胶层厚度试件的斜率。当胶层厚度为 4mm 时，木材与内嵌钢筋的黏结性能更优。

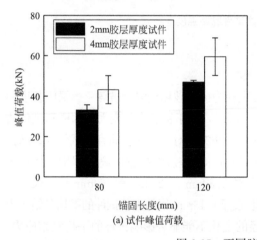

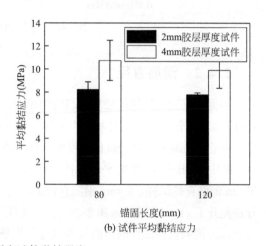

(a) 试件峰值荷载      (b) 试件平均黏结应力

图 2-15　不同胶层厚度试件黏结强度

### 2.4.4 开槽尺寸

试验中在锚固长度范围内，钢筋与木槽三个面的胶层厚度均为 4mm，仅上覆胶层厚度不同。随着开槽深度由 28mm 转变为 32mm，木槽到试件边沿的植筋边距减小，因而试件易发生木材的劈裂破坏，表现出脆性破坏特征。图 2-16 所示对比了不同开槽尺寸试件的黏结强度。当开槽深度由 28mm 增加至 32mm 时，80mm 和 120mm 锚固长度试件的峰值荷载分别提升了 9.4% 和 12.1%，平均黏结应力也相应得到提升。由荷载-位移曲线分布可知，不同开槽深度试件的上升段曲线较为接近，仅峰值荷载处有略微的差别。当开槽深度较大时，试件的下降段曲线多为斜率较大的直线甚至是垂直下降直线，表现出显著的脆性破坏特征。当开槽深度增加时，试件的黏结强度仅有略微的提升，而破坏形态多表现为木材的脆性劈裂破坏。因此，在实际工程应用中，如条件相同，应选用 28mm 的开槽深度。

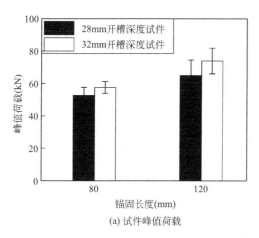
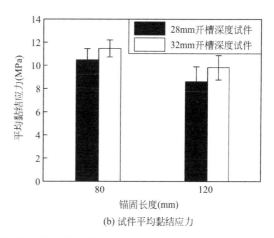

(a) 试件峰值荷载          (b) 试件平均黏结应力

图 2-16　不同开槽深度试件黏结强度

## 2.5　钢筋应变量测方法探究

针对黏结性能研究，常采用内贴应变片的方法来测量筋材拔出过程中的应变数据。这种应变测量方法能够有效采集拔出试验中的筋材应变。但是当试件数量较多时，内贴应变片的方法存在费时费力、工序繁杂等问题。由于对筋材尤其是钢筋进行开槽处理，在一定程度上削弱了锚固区域的钢筋截面，从而改变了钢筋的力学性能，进而影响试验结果的准确性。此外，当筋材直径较小时，内贴应变片的方法不易操作。

部分研究中采用裸光纤光栅传感器记录筋材在黏结-滑移试验中的应变，裸光纤传感器直径极小，可直接黏贴于筋材表面，测点布置简单快捷。外贴应变片的方法减小了筋材与基体之间的黏结面积，尤其是对锚固长度较短的试件，外贴应变片的方法直接影响试验结果的有效性。而裸光纤光栅传感器几乎不会影响筋材与基体之间的黏结面积。

基于上述两种测量方法的优缺点，本节对比了钢筋内贴应变片和外黏裸光纤光栅的数据采集效果。

### 2.5.1　裸光纤光栅测点布置

裸光纤光栅传感系统由光源、传感头和波长探测装置三部分组成。当光源入射到光纤中，经过光纤的反射传递，会返回波长探测装置。光栅位置处变形和温度的作用会导致光栅折射率和周期发生改变，反射光谱的波长会随之发生变化。通过波长探测装置对反射光谱波长变化的反馈，便可得到光栅的变形和温度信息。式（2-2）和式（2-3）为布拉格光栅波长漂移与光栅应变和温度变化的关系式。

$$\Delta\lambda_B/\lambda_B = (1 - p_e)\varepsilon_x \tag{2-2}$$

$$\Delta\lambda_B/\lambda_B = (\alpha + \xi)\Delta T \tag{2-3}$$

式中　$\lambda_B$——光纤布拉格光栅的波长（nm）；

$\Delta\lambda_B$——布拉格光栅波长的变化；

$\varepsilon_x$——布拉格光栅的轴向应变；

$\Delta T$——温度变化量；

$p_e$——有效弹光系数；

$\alpha$——光纤的热膨胀系数；

$\xi$——热光系数。

图 2-17 所示为试验中布置的钢筋应变测点，应变片位于钢筋内部凹槽内，裸光纤光栅则位于钢筋的外表面。试验中并未采用串联式的裸光纤光栅传感器，而是使用多根并联式的光纤传感器，这样可以防止由于单个测点损坏而引发测量系统失效。裸光纤光栅传感器的光栅长度为 10mm，光栅反射率大于 85%，光栅的反射波长在 1525～1565nm 范围内。钢筋的内贴应变片布置如图 2-6 所示，裸光纤光栅传感器的测点布置与钢筋内贴应变片的位置一一对应。图 2-17 中 1 号测点处的两半钢筋上应变片量测结果分别记作 SG1 和 SG1′，裸光纤光栅传感器的应变测量结果记为 FBG1，其余应变测点的标号依此类推。试验中所采用的光纤光栅解调仪仅有 8 个数据采集通道，因此未在 160mm 锚固长度试件上使用两种应变采集方法。

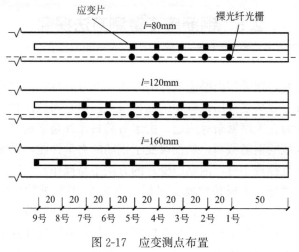

图 2-17  应变测点布置

### 2.5.2  裸光纤光栅与内贴应变片的数据对比

图 2-18 为拔出试验中，在相同荷载下，光纤光栅测量应变与内贴应变片采集数据的对比。在 0～25kN 的荷载范围内，光纤光栅与应变片的采集结果对应较好，两种方法的应变采集数据具有相近的变化趋势。图 2-18（a）中，靠近自由端 1 号和 2 号测点处的应变片数据与光纤光栅应变对应良好，3 号测点处的数据差别较大。图 2-18（b）中，两半钢筋上的应变片记录数据与光纤光栅采集结果的变化趋势一致，三者的数据对应状况较好。此外，图 2-18（c）～（e）中的曲线分布与上述规律相符，钢筋自由端处光纤光栅数据采集效果明显优于加载端。由于加载端的黏结应力分布复杂，局部黏结应力集中，因而裸光纤光栅极易在该区域发生破损。当荷载较小时，光纤光栅与内贴应变片的应变采集数据具有较好的对应关系。随着试验荷载的增加，裸光纤光栅很快因发生破坏而退出工作，但是内贴应变片仍可以记录钢筋变形，表现出更优的工作性能。

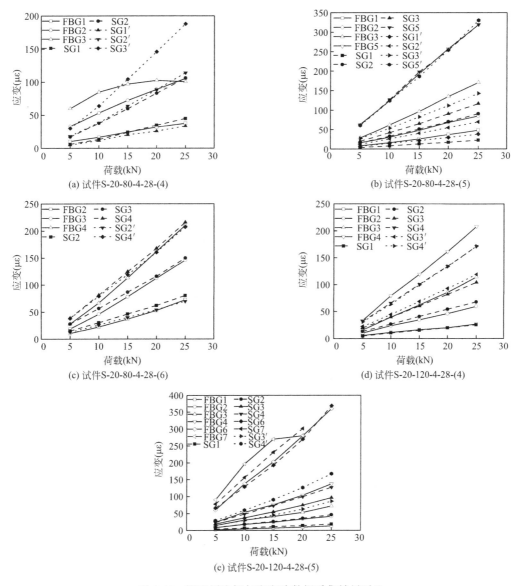

图 2-18　裸光纤光栅与应变片数据采集结果对比

### 2.5.3　裸光纤光栅简易封装后的数据采集效果

裸光纤光栅直径细微，且其主要构成材料纯石英属于脆性材料，因而裸光纤光栅在实际应用中极易发生破损。在不影响裸光纤光栅采集效果时，可以采用一定的封装技术以提升其工作性能。根据上文裸光纤光栅和应变片数据采集结果，为提升裸光纤光栅在黏结-滑移试验中的工作性能，需要采用一定的技术手段对其进行防护。具体操作步骤如下：在钢筋表面光纤的黏贴区域铣出 2mm×2mm 的凹槽，采用应变传递性能较好地快速胶粘剂将光栅部分黏贴于预定的钢筋表面应变测点位置，之后采用双组份的环氧树脂胶体抹平钢筋凹槽。

　　将内贴有应变片、外部简易封装有裸光纤光栅的钢筋黏结于木材表面，制作成标准试件形式，并进行中心拔出试验。图 2-19 为内贴应变片与裸光纤光栅应变采集结果的对比。当接近峰值荷载时，裸光纤光栅仍然与应变片具有较好的对应关系，表明经简易封装后，裸光纤光栅的工作性能得到提升。图 2-19（b）表明，当试验荷载接近 70kN 时，部分光纤光栅仍能够正常工作，且最大测量应变接近 500με。但是由于光纤光栅属于脆性材料，试验中极易发生破损，即使对其进行封装保护，仍有部分光栅因过早损坏而失去应变采集作用。

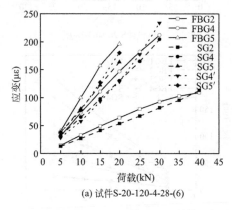
(a) 试件S-20-120-4-28-(6)

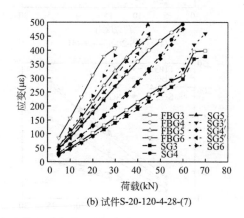
(b) 试件S-20-120-4-28-(7)

图 2-19　封装后裸光纤光栅与应变片数据采集结果对比

　　由于对裸光纤光栅的封装保护不足，即使在简易封装条件下，部分光栅在加载阶段仍会因发生破损而退出工作，从而影响应变数据的采集。钢筋内贴应变片则可以在试验过程中克服复杂的应力分布状态，并且持续稳定地记录筋材应变信息，具有可观的工作性能。当裸光纤光栅没有可靠的封装技术支撑时，钢筋与木材的黏结-滑移试验宜选用内贴应变片作为钢筋应变的量测方法。

# 3 木材与表面嵌筋黏结-滑移关系计算模型

## 3.1 引言

早期相关学者探究了钢筋与混凝土之间的黏结-滑移关系模型，基于相似的研究方法，针对木材与其内部植筋之间的黏结-滑移理论研究开展广泛。目前有关木材内部植筋节点拔出承载力计算以及黏结-滑移关系模型的研究较为充分，而木材表面嵌筋的相关研究处于初始阶段，缺乏相应的理论研究。拔出承载力计算能够为嵌筋技术的工程应用提供设计方法，也是嵌筋加固方法应用的重要保障。黏结-滑移关系模型能够反映木材与筋材之间的锚固特性，也是建立有限元模型的重要依据。因此，有必要建立木材与表面嵌筋之间的黏结-滑移关系模型，明确二者相互作用的力学机理，为嵌筋方法的工程实践提供必要的理论支撑。

依托第 2 章木材与表面内嵌钢筋的黏结-滑移试验，本章介绍了相应的分析理论。首先，基于经典植筋节点承载力计算模型，通过对试验数据的拟合分析，建立木材表面嵌筋拔出承载力计算方法。其次，参考钢筋混凝土黏结-滑移理论，建立木材表面嵌筋平均黏结应力-滑移关系模型。最后，通过对试验数据的分析，给出钢筋与木材之间黏结应力和相对滑移量沿锚固长度的分布曲线，进而得到不同测点处的黏结应力-滑移曲线。经过归一化处理得到位置函数，建立了考虑位置函数的黏结-滑移关系模型，可较为真实地反映木材与钢筋的黏结锚固特征。

## 3.2 木材表面嵌筋拔出承载力计算

### 3.2.1 既有木材植筋节点经典计算模型

考虑目前鲜有对木材表面嵌筋拔出承载力计算公式的研究，可参考既有的木材植筋节点拔出承载力计算模型，通过对试验数据的拟合分析，确定木材表面嵌筋拔出承载力的计算方法。本节简要介绍几种经典的木材植筋承载力计算模型。

Steiger 的试验研究以木材密度和试件尺寸参数为变量，开展了木材植筋黏结-滑移试验研究。单根钢筋沿木材顺纹方向植入胶合木试件中心位置，为防止试件发生劈裂破坏，钢筋轴线到试件边沿的距离应大于钢筋直径的 2.3 倍。通过对试验数据的拟合分析，提出胶合木植筋承载力计算公式，如式（3-1）所示，名义剪切强度 $f_{v,0,mean}$ 按式（3-2）进行计算。

$$F_{ax,mean} = f_{v,0,mean} \pi d_h l \tag{3-1}$$

$$f_{v,0,mean} = 7.8 \text{N/mm}^2 \cdot \left(\frac{\lambda}{10}\right)^{-1/3} \cdot \left(\frac{\rho}{480}\right)^{0.6} \tag{3-2}$$

式中  $F_{ax,mean}$——植筋节点的拔出承载力（kN）；

$f_{v,0,mean}$——名义剪切强度（MPa）；

$d_h$——植筋孔径（mm）；

$l$——锚固长度（mm）；

$\lambda$——植筋长细比，$\lambda = l/d_h$；

$\rho$——木材密度（kg/m$^3$）。

同时，Steiger 指出其强度计算公式具有一定的应用范围。即上述公式适用于沿木材顺纹方向的单根筋材植入，植筋长细比 $\lambda$ 的数值应在 7.5~15.0 之间。此外筋材直径处于 12~20mm 的变化范围，木材密度范围为 350~500kg·m$^{-3}$。

Rossignon 和 Espion 通过平行于木纹方向单根植筋的拔出试验，以锚固长度和筋材直径为变量，提出植筋承载力经验公式。式（3-3）为计算模型，该经验公式同样具有一定的适用范围。试件植筋长细比应在 10~25 范围内，筋材直径在 12~24mm 之间，胶层厚度应为 4mm。

$$F_{ax,mean} = (-0.15\lambda^2 + 9.24\lambda)\left(\frac{d_r}{16}\right)^{1.5} \tag{3-3}$$

式中  $F_{ax,mean}$——植筋节点拔出承载力（kN）；

$\lambda$——植筋长细比，$\lambda = l/d_h$；

$d_r$——筋材直径（mm）。

Rossignon 和 Espion 基于既有模型，并通过试验数据的回归分析给出与 Steiger 模型相似的植筋节点剪切强度计算公式，如式（3-4）所示。

$$f_{v,0,mean} = 5.8\left(\frac{\lambda_h}{10}\right)^{-0.44} \tag{3-4}$$

式中  $f_{v,0,mean}$——名义剪切强度（MPa）；

$\lambda_h$——植筋长细比，$\lambda_h = l/d_h$，其中 $l$ 为锚固长度（mm）；

$d_h$——植筋孔径（mm）。

欧洲木结构设计标准 Eurocode 5 同样提出木材顺纹或横纹植筋时筋材拔出承载力的计算公式，见式（3-5）。

$$F_{ax,k} = f_{v,k} \pi d_{equ} l_a \tag{3-5}$$

式中  $F_{ax,k}$——拔出承载力（kN）；

$f_{v,k}$——黏结界面剪切强度（MPa），由式（3-6）进行计算；

$d_{equ}$——等效筋材直径（mm），取植筋孔径和 1.25 倍筋材直径中的较小值；

$l_a$——锚固长度（mm）。

$$f_{v,k} = 1.2 \times 10^{-3} \times d_{equ}^{-0.2} \times \rho^{1.5} \tag{3-6}$$

式中  $\rho$——木材密度。

德国木结构设计准则 DIN：1052—12 中给出筋材平行或垂直与木纹黏结时的承载力计算公式，具体参见式（3-7）。

$$P_{\mathrm{u.v.k}} = \pi d l_{\mathrm{b}} f_{\mathrm{v.k}} \qquad (3\text{-}7)$$

式中　$P_{\mathrm{u.v.k}}$——植筋拔出承载力（kN）；

　　　$d$——筋材直径（mm）；

　　　$l_{\mathrm{b}}$——锚固长度（mm）；

　　　$f_{\mathrm{v.k}}$——界面剪切强度（MPa），该参数取值与锚固长度相关，如式（3-8）～式（3-10）所示。

$$f_{\mathrm{v.k}} = 4.0 \qquad 当\ l_{\mathrm{b}} \leqslant 250\mathrm{mm} \qquad (3\text{-}8)$$

$$f_{\mathrm{v.k}} = 5.245 \qquad 当\ 250 < l_{\mathrm{b}} \leqslant 500\mathrm{mm} \qquad (3\text{-}9)$$

$$f_{\mathrm{v.k}} = 3.499 \qquad 当\ 500 < l_{\mathrm{b}} \leqslant 1000\mathrm{mm} \qquad (3\text{-}10)$$

Li 将植筋方法应用于竹材，以探究筋材与竹材的黏结性能；以植筋长细比、植筋边距、筋材直径和胶层厚度为影响因素，开展了大量的试验研究，并基于试验数据给出如式（3-11）和式（3-12）所示的植筋承载力计算公式。

$$f_{\mathrm{v.mean}} = 7.9 \left(\frac{\lambda}{10}\right)^{-0.45} \left(\frac{e}{d_{\mathrm{a}}}\right)^{0.1} t^{-0.08} \qquad (3\text{-}11)$$

$$F_{\mathrm{u}} = f_{\mathrm{v.mean}} \pi d_{\mathrm{h}} l_{\mathrm{a}} \qquad (3\text{-}12)$$

式中　$\lambda$——植筋长细比，具体计算为 $\lambda = l_{\mathrm{a}}/d_{\mathrm{h}}$，其中 $l_{\mathrm{a}}$ 为锚固长度（mm）；

　　　$d_{\mathrm{h}}$——植筋孔径（mm）；

　　　$e$——植筋边距（mm）；

　　　$d_{\mathrm{a}}$——筋材直径（mm）；

　　　$t$——胶层厚度（mm）；

　　　$f_{\mathrm{v.mean}}$——界面剪切强度（MPa）。

Li 给出其强度模型的应用范围，即植筋长细比应位于 7.5～15.0 之间；植筋边距与筋材直径的比值（$e/d_{\mathrm{a}}$）应大于 2.3；筋材直径的变化范围为 12～20mm；胶层厚度应在 1～3mm 之间。

### 3.2.2　木材表面嵌筋拔出承载力计算公式

考虑到较少的试件数量不能有效反映胶层厚度和开槽深度对黏结强度的影响规律，仅选取 S-16-80-4-24～S-20-160-4-28 组试件，以探索、建立木材与表面嵌筋之间的拔出承载力计算公式。为确保拟合分析时每组的试件数量相同，选取各试验分组中钢筋内贴应变片的 6 个试件进行拟合分析。同时，考虑后续建立黏结-滑移关系时必须采用钢筋内贴片试件的数据，故本节亦选取相同数量的试件进行计算分析，方便前后文进行参照。

木材表面嵌筋与木材内部植筋存在区别，但考虑到筋材与木材通过胶体黏结，可以认为木材表面嵌筋是一种特殊的植筋方式。同时，参考既有经典的植筋承载力计算模型，确定采用式（3-13）作为木材与其表面嵌筋之间平均黏结强度的计算公式。

$$f_{\mathrm{v.mean}} = m \cdot \left(\frac{\lambda}{10}\right)^{n} \qquad (3\text{-}13)$$

式中　$f_{\mathrm{v.mean}}$——黏结面剪切强度（MPa）；

　　　$\lambda$——植筋长细比，是锚固长度 $l_{\mathrm{a}}$（mm）与钢筋直径 $d$（mm）的比值，即 $\lambda = l_{\mathrm{a}}/d$；

$m$ 和 $n$——拟合系数。

基于对试验数据的拟合，得到如式（3-14）所示木材与表面内嵌钢筋界面黏结应力的计算公式，进而得到拔出承载力 $F_u$ 的计算式（3-15）。

$$f_{v,mean} = 8.28 \cdot \left(\frac{\lambda}{10}\right)^{-0.29} \tag{3-14}$$

$$F_u = f_{v,mean} \pi d l_a \tag{3-15}$$

### 3.2.3 计算公式可靠性验证

图 3-1 所示对比了试件拔出承载力试验值与式（3-15）计算得到的理论值，大部分数据点分布于图中对角线附近，表明理论模型可以较好地预测试验结果。虽然个别试件试验值与理论值的偏差较大，但是考虑木材材料性能、表面嵌筋破坏存在的不确定性以及拔出试验的离散性等因素，所提出的承载力计算模型能够有效预测试件的峰值荷载，具有实际应用的可靠性。

为探究既有植筋承载力理论模型是否适用于计算表面嵌筋试件的拔出承载力，同时探明既有模型与所提承载力计算公式的计算效率，本节采用上述经典计算模型和式（3-15）计算试验试件的理论承载力，通过平均绝对误差（Average Absolute Error，AAE）评价各模型的预测效果。图 3-2 为各模型对试验试件拔出承载力的计算结果，式（3-15）的 AAE 值为 0.110，表明所提承载力计算公式具有较好的预测效果。Rossignon 和 Li 的计算模型其 AAE 值分别为 0.115 和 0.119，可知这两个计算模型同样具有较为可靠的预测效果。由于试验试件数量有限，需要更加充分地研究以优化承载力计算模型，并提升其计算精度。

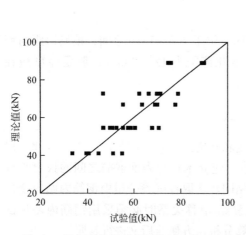

图 3-1 拔出承载力试验值与理论值对比

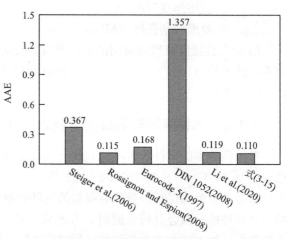

图 3-2 计算模型 AAE 值对比

## 3.3 木材表面嵌筋黏结-滑移关系模型

### 3.3.1 经典黏结-滑移关系模型

钢筋与木材的黏结应力沿着锚固长度不均匀分布，平均黏结应力-滑移曲线不能完全反映筋材与基体之间的黏结关系。但建立平均黏结应力-滑移模型仍具有重要意义。首先，平均黏结应力-滑移关系曲线能够直观地反映木材与筋材之间的黏结特性；其次，平均黏结应力-滑移关系曲线是建立考虑位置函数的黏结-滑移本构模型的重要组成部分。为建立木材与表面嵌筋之间的黏结应力-滑移关系模型，需要参考筋材与混凝土之间的经典计算模型。

Eligehausen 等完成螺纹钢筋与混凝土的黏结-滑移试验，并根据试验结果提出黏结应力-滑移关系模型，即广为人知的 BPE 模型。Eligehausen 指出，与其他模型相比，BPE 模型形式简单，且与试验结果吻合良好。模型曲线的分布如图 3-3 所示，其具体表达式为

$$\left.\begin{aligned}
\tau &= \tau_1\left(\frac{s}{s_1}\right)^{\alpha} \quad 0 \leqslant s \leqslant s_1 \\
\tau &= \tau_1 s_1 < s \leqslant s_2 \\
\tau &= \tau_1 - (\tau_1 - \tau_3)\left(\frac{s - s_2}{s_3 - s_2}\right) \quad s_2 < s \leqslant s_3 \\
\tau &= \tau_3 s > s_3
\end{aligned}\right\} \tag{3-16}$$

式中  $\tau_1$——$s_1$ 滑移值下的黏结应力（MPa）；

$\tau_3$——$s_3$ 滑移值下的黏结应力（MPa）；

$\alpha$——经验参数。

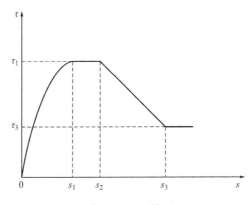

图 3-3  BPE 模型

Malvar 通过开展大量的试验研究，探究了不同形状的 GFRP 筋与混凝土的黏结-滑移性能，并根据试验结果提出由 7 个经验系数决定的黏结应力-滑移关系模型，如式（3-17）所示。

$$\frac{\tau}{\tau_m} = \frac{F(s/s_m) + (G-1)(s/s_m)^2}{1 + (F-2)(s/s_m) + G(s/s_m)^2} \tag{3-17}$$

式中  $\tau_m$——峰值应力（MPa）；

$s_m$——峰值应力所对应的滑移量（mm）。

这两个参数的定义与侧向压力相关，其具体计算如式（3-18）和式（3-19）所示；$F$、$G$ 为经验系数。

$$\frac{\tau_m}{f_t} = A + B\left(1 - e^{\frac{-C\sigma_r}{f_t}}\right) \tag{3-18}$$

$$s_m = D + E\sigma_r \tag{3-19}$$

式中　　　　　$f_t$——混凝土抗拉强度（MPa）；

　　　　　　　$\sigma_r$——轴对称径向压力（MPa）；

$A$、$B$、$C$、$D$、$E$——由筋材种类决定的经验系数。

　　为建立描述上升段更为精确的黏结-滑移关系模型，Cosenza 等通过总结既有经典模型，提出 CMR 模型，该模型具体的表达式为

$$\frac{\tau}{\tau_m} = (1 - \exp\{-s/s_r\})^\alpha \tag{3-20}$$

式中　$\tau_m$——峰值黏结应力（MPa）；

　　　$s_r$ 和 $\alpha$——试验数据的拟合参数。

　　Ling 等在探究 FRP 筋与胶合木的黏结-滑移曲线模型时提出了改进的 BPE 模型，被人称作 mBPE 模型。Ling 认为，当筋材在拔出过程中并未屈服时，应该去掉 BPE 模型中的平台段。Cosenza 等同样通过试验研究发现，尤其是对于 FRP 筋，筋材与基体的黏结应力-滑移关系模型不存在平台段，因而在建立 BPE 模型时应忽略平台段。mBPE 模型的表达式如式（3-21）所示，式中的上升段系数 $\alpha$ 基于式（3-22）确定，通过对试验数据的拟合分析可得到模型曲线下降段的斜率，图 3-4 为 mBPE 模型曲线示意图。

$$\left.\begin{aligned}
\frac{\tau}{\tau_1} &= \left(\frac{s}{s_1}\right)^\alpha \quad 0 \leqslant s \leqslant s_1 \\
\frac{\tau}{\tau_1} &= 1 - p\left(\frac{s}{s_1} - 1\right) \quad s_1 \leqslant s \leqslant s_3 \\
\frac{\tau}{\tau_1} &= \frac{\tau_3}{\tau_1} \quad s > s_3
\end{aligned}\right\} \tag{3-21}$$

$$A_\tau = \int_0^{s_1} \tau_1 \left(\frac{s}{s_1}\right)^\alpha \cdot \mathrm{d}s = \frac{\tau_1 s_1}{1+\alpha} \tag{3-22}$$

式中　$\tau_1$ 和 $s_1$——曲线峰值点的纵、横坐标；

　　　$\tau_3$ 和 $s_3$——曲线残余段起始点的纵、横坐标；

　　　$\alpha$ 和 $p$——通过试验结果拟合确定；

　　　$A_\tau$——上升段曲线与坐标横轴所包围图形的面积。

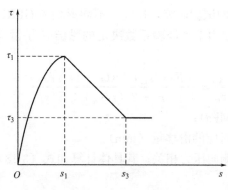

图 3-4　mBPE 模型

### 3.3.2 木材表面嵌筋黏结-滑移关系模型

由本书第2章木材与表面内嵌钢筋的黏结性能试验可知，相同工况下各组试件的黏结-滑移曲线均存在一定的差异，且该差异不可避免。因此，本章采用各组试件的平均荷载-滑移曲线进行讨论和分析。图3-5所示为各组试件的平均荷载-滑移曲线分布情况，这里仅讨论以锚固长度和钢筋直径为变量的6组试件。由图3-5可知，平均荷载-滑移曲线基本能够反映组内各条试验曲线的分布特征，具有代表性。

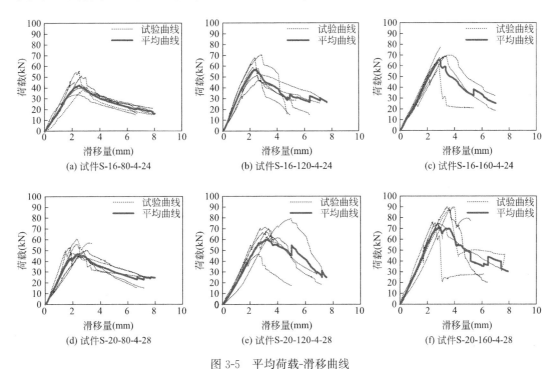

图 3-5　平均荷载-滑移曲线

由各组试件的平均荷载-滑移曲线分布可知，当承载力达到峰值时，钢筋未发生屈服，因此曲线并未出现平台段。考虑试验荷载-滑移曲线的分布特征，同时综合既有经典黏结应力-滑移模型的特点，mBPE模型和CMR模型可作为基础模型，以得到木材与表面内嵌钢筋之间的黏结-滑移关系曲线。依据式（3-20）和式（3-21），可对各组试件的平均黏结应力-滑移曲线进行拟合，表3-1和表3-2所列为相应拟合参数，分别代入mBPE模型和CMR模型的计算式，便可得到不同黏结工况下，木材与表面嵌筋之间的黏结-滑移关系曲线。

木材与表面内嵌钢筋黏结-滑移 mBPE 模型参数回归值　　　　　　　表 3-1

| 试件编号 | 嵌筋长细比 | $\tau_1$ | $s_1$ | $\alpha$ | $p$ |
|---|---|---|---|---|---|
| S-16-80-4-24 | 5 | 10.529 | 2.524 | 0.832 | 0.291 |
| S-16-120-4-24 | 7.5 | 9.410 | 2.367 | 0.803 | 0.463 |
| S-16-160-4-24 | 10 | 8.137 | 2.829 | 1.030 | 0.547 |
| S-20-80-4-28 | 4 | 9.310 | 2.350 | 0.765 | 0.253 |

| 试件编号 | 嵌筋长细比 | $\tau_1$ | $s_1$ | $\alpha$ | $p$ |
|---|---|---|---|---|---|
| S-20-120-4-28 | 6 | 7.982 | 3.258 | 0.815 | 0.433 |
| S-20-160-4-28 | 8 | 7.097 | 2.860 | 0.877 | 0.480 |

**木材与表面内嵌钢筋黏结-滑移 CMR 模型参数回归值**　　表 3-2

| 试件编号 | 嵌筋长细比 | $\tau_m$ | $s_m$ | $s_r$ | $\alpha$ |
|---|---|---|---|---|---|
| S-16-80-4-24 | 5 | 10.529 | 2.524 | 0.705 | 2.711 |
| S-16-120-4-24 | 7.5 | 9.410 | 2.367 | 0.694 | 2.351 |
| S-16-160-4-24 | 10 | 8.137 | 2.829 | 0.932 | 2.559 |
| S-20-80-4-28 | 4 | 9.310 | 2.350 | 0.640 | 2.548 |
| S-20-120-4-28 | 6 | 7.982 | 3.258 | 0.842 | 3.085 |
| S-20-160-4-28 | 8 | 7.097 | 2.860 | 0.640 | 2.548 |

　　图 3-6 给出了黏结-滑移理论曲线与试验曲线的分布情况，模型曲线上升段与试验结果吻合得较好，且 mBPE 模型与试验曲线的对应效果优于 CMR 模型。以图 3-6（f）中的曲线对比为例，CMR 模型曲线的上升段数值高于试验曲线，而 mBPE 模型则能够较好地预测试验结果。在曲线峰值应力预测方面，mBPE 模型的计算结果更加接近试验值，而 CMR 模型的数值与试验峰值存在一定的偏差，其计算结果普遍略低于试验值。由图 3-6 中下降段曲线可知，mBPE 模型与试验曲线对应较好，能够反映曲线下降段斜率和相应的分布特点。

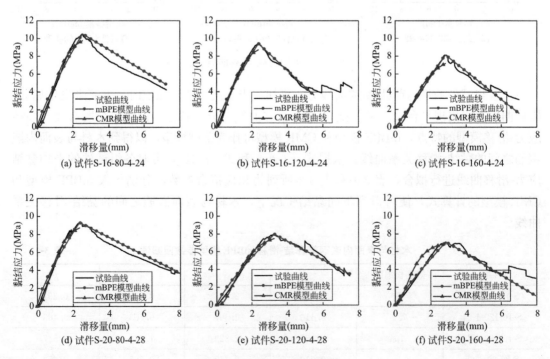

图 3-6　模型曲线与试验结果对比

## 3.4 考虑位置函数的黏结-滑移关系模型

### 3.4.1 黏结应力沿锚固长度的分布

某些研究人员通过采用钢筋内贴应变片的方法，得到钢筋在拔出过程中其应变沿锚固长度的分布规律，并基于相邻测点的应变数值得到该区间的平均黏结应力，具体计算可参照式（3-23）。该计算方法所得黏结应力在锚固区段内的分布为直方图，虽然计算过程简便，但是该方法不能满足锚固加载端和自由端的边界条件，计算精度有限，且缺乏明确的数学表述。同时，曲线光滑化时，较难做到其所包围面积等于外力，因而计算复杂不适用于电算。

$$\tau_i = \frac{(\sigma_{i+1} - \sigma_i) A_s}{\pi d h_i} = \frac{(\varepsilon_{i+1} - \varepsilon_i) E_s A_s}{\pi d h_i} \tag{3-23}$$

式中  $\tau_i$——相邻测点间平均黏结应力（MPa）；

$\sigma_{i+1}$、$\sigma_i$——第 $i+1$ 和第 $i$ 个测点处的钢筋应力；

$A_s$——钢筋的截面面积（mm²）；

$d$——钢筋的直径（mm）；

$h_i$——相邻测点间距（mm）；

$\varepsilon_{i+1}$、$\varepsilon_i$——第 $i+1$ 和第 $i$ 个测点处的钢筋应变；

$E_s$——钢筋弹性模量（MPa）。

洪小健的计算方法可直接计算测点位置处的黏结应力，避免计算测量区段的平均黏结应力。且数学表述明确，计算精度较高，可通过相关数值计算软件进行批量处理。假定锚固区段内钢筋应变分布连续且光滑，应变测点将锚固区段分为 $n$ 个小区间，每个小区间的长度为 $h$，则在测点 $x_i$ 相邻测点处，对钢筋应变进行泰勒展开，得

$$\varepsilon(x_i + h) = \varepsilon(x_i) + h\varepsilon'(x_i) + \frac{h^2}{2!}\varepsilon''(x_i) + \frac{h^3}{3!}\varepsilon'''(x_i) + o(h^4) \tag{3-24}$$

$$\varepsilon(x_i - h) = \varepsilon(x_i) - h\varepsilon'(x_i) + \frac{h^2}{2!}\varepsilon''(x_i) - \frac{h^3}{3!}\varepsilon'''(x_i) + o(h^4) \tag{3-25}$$

式（3-24）和式（3-25）分别作相减和相加运算，经整理，可得到测点 $x_i$ 处钢筋应变的一阶和二阶导数，具体表达式如下：

$$\varepsilon'(x_i) = \frac{\varepsilon(x_i + h) - \varepsilon(x_i - h)}{2h} - \frac{h^2}{6}\varepsilon'''(x_i) + o(h^3) \tag{3-26}$$

$$\varepsilon''(x_i) = \frac{\varepsilon(x_i + h) + \varepsilon(x_i - h) - 2\varepsilon(x_i)}{h^2} + o(h^2) \tag{3-27}$$

对式（3-27）求导，并代入式（3-26）右端第二项，整理并忽略高阶项，得

$$\varepsilon'_{i+1} + 4\varepsilon'_i + \varepsilon'_{i-1} = \frac{3}{h}(\varepsilon_{i+1} - \varepsilon_{i-1}) \tag{3-28}$$

取锚固区段内钢筋微元体进行分析，建立力的平衡方程，可得

$$\tau \cdot \pi \cdot d \cdot \mathrm{d}x = \frac{\pi \cdot d^2}{4} \cdot E_s \cdot \mathrm{d}\varepsilon \tag{3-29}$$

结合式（3-28）和式（3-29），得

$$\tau_{i+1} + 4\tau_i + \tau_{i-1} = \frac{3E_s d}{4h}\delta\varepsilon_i \tag{3-30}$$

式中，$\delta\varepsilon_i = \varepsilon_{i+1} - \varepsilon_{i-1}$。

同时，考虑锚固加载端和自由端黏结应力为 0MPa，则有边界条件 $\tau_0 = \tau_{n-1} = 0$，基于式（3-30），可建立锚固测点黏结应力与钢筋应变的计算方程组，如式（3-31）所示。

$$\begin{bmatrix} 4 & 1 & & & & \\ 1 & 4 & 1 & & & \\ & 1 & 4 & 1 & & \\ & & \cdots & \cdots & \cdots & \\ & & & 1 & 4 & 1 \\ & & & & 1 & 4 \end{bmatrix} \begin{bmatrix} \tau_1 \\ \tau_2 \\ \cdots \\ \tau_i \\ \cdots \\ \tau_{n-2} \end{bmatrix} = \frac{3E_s d}{4s} \begin{bmatrix} \delta\varepsilon_1 \\ \delta\varepsilon_2 \\ \cdots \\ \delta\varepsilon_i \\ \cdots \\ \delta\varepsilon_{n-2} \end{bmatrix} \tag{3-31}$$

通过式（3-31）方程组的分布特征可知，对于任意 $n$ 个测点，方程组总是严格的主对角线占优矩阵，其数值解总是存在且稳定的。根据上述计算方法，采用第 2 章的试验数据，对各组试件钢筋应变测点处的黏结应力进行计算，并拟合得到沿锚固长度分布的黏结应力曲线，如图 3-7 所示。图中所绘制的是各组试件的平均黏结应力分布曲线，在不同荷载等级下，采用同一试验分组各试件在应变测点处的黏结应力平均值作为代表值，通过相对标准差反映数据的离散程度。在相同荷载等级下，将各测点处黏结应力的代表值进行多项式拟合，得到如图 3-7 所示的各组试件黏结应力沿锚固长度的分布曲线。

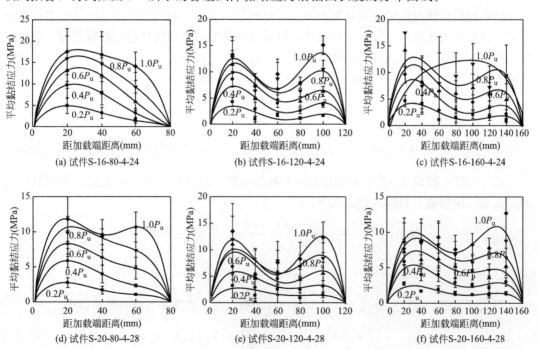

(a) 试件S-16-80-4-24　　(b) 试件S-16-120-4-24　　(c) 试件S-16-160-4-24

(d) 试件S-20-80-4-28　　(e) 试件S-20-120-4-28　　(f) 试件S-20-160-4-28

图 3-7　黏结应力沿锚固长度分布

根据图 3-7 中钢筋与木材之间黏结应力沿锚固长度的分布可知，拟合曲线呈双峰状分布，黏结应力峰值临近加载端和自由端。试验初期的最大值出现在靠近加载端区域，随着试件荷载等级的提升，最大值向自由端迁移，可知从初始加载至达到荷载峰值的过程中钢筋发生微滑移，且黏结应力沿着锚固长度不断发生重分布。钢筋与木材之间的黏结应力沿锚固长度不均匀分布，有别于黏结应力均匀分布的传统观念。随着锚固长度的变化，各组试件的黏结应力分布曲线随之发生改变。当锚固长度较短时，曲线双峰状的分布特征不明显，但是当锚固长度增加，黏结应力分布趋于不均匀。这是因为当锚固长度较短时，黏结应力从加载端向自由端的传递较为充分，钢筋与木材的变形差较小。当荷载较小时，内嵌钢筋便被拔出，因而黏结应力分布相对均匀。当锚固长度较长时，在钢筋的拔出过程中，黏结应力不断发生重分布，且试件承载力较大，但黏结应力传递效率较低，因而黏结应力分布表现出更加明显的双峰状分布特征。当内嵌钢筋直径发生变化时，试件的黏结应力分布曲线形状相近，仅数值存在一定差别。木材与钢筋的黏结主要表现为界面的相互作用，因而钢筋直径对黏结应力分布曲线形状的影响较小，但由于变形差值的影响，钢筋直径能够影响曲线数值。由图 3-7（a）、（c）和（d）可知，当试件达到峰值荷载时，黏结应力曲线分布沿锚固长度较为均匀，表明钢筋沿整个锚固区间发生滑移，钢筋与木材的变形差沿黏结长度趋于均匀。

### 3.4.2 相对滑移量沿锚固长度的分布

由钢筋与木材黏结应力沿锚固长度的分布规律推测，二者之间的相对滑移量亦随着锚固位置不断发生变化。试验中很难直接测量各测点位置处钢筋与木材的相对滑移，因此借鉴既有研究，基于加载端的相对滑移量，通过积分累积相减，进而得到相应位置处的滑移值，具体计算如式（3-32）所示。

$$s(x) = s_1 - \int_0^x \left[ \varepsilon_s(x) - \frac{P}{E_w A_w} \right] dx \qquad (3-32)$$

式中　$s(x)$——距加载端 $x$ 距离处的相对滑移值（mm）；

　　　$s_1$——加载端的相对滑移值（mm）；

　　$\varepsilon_s(x)$——距加载端 $x$ 距离处的钢筋应变；

　　　$P$——试验荷载（kN）；

　　　$E_w$——试验用木材的弹性模量（MPa）；

　　　$A_w$——试验用木材的横截面积（mm²）。

为计算式（3-32）中的积分，需要得到试验中连续的钢筋和木材应变分布曲线，这是不太现实的，因此需要进行简化计算。采用相邻应变测点的平均值作为该区段内的钢筋应变，则相邻测点区间钢筋的伸长量为 $\delta l_{si} = \varepsilon_{si} \delta l$（$\varepsilon_{si}$ 为相邻测点区间平均应变，$\delta l$ 表示相邻测点间距）。简化计算如式（3-33）所示，基于该公式，便可得到各测点处钢筋相对于木材的滑移量，进而可确定不同荷载等级下相对滑移量沿锚固长度的分布曲线，如图 3-8 所示。图中采取各组试件的平均值作为代表值，通过相对标准差反映数据的离散程度，图 3-8 中曲线荷载等级标注于相应的分布曲线下方。

$$s(x) = s_1 - \sum_{i=1}^n \delta l_{si} + \sum_{i=1}^n \gamma_c \delta l_{wi} \qquad (3-33)$$

式中 $\delta l_{wi}$ ——木材压缩量；

$\gamma_c$ ——不均匀变形系数，考虑到试验试件截面尺寸较大，因而在计算中不均匀变形系数的取值为1。

由图 3-8 中各曲线分布可知，在不同荷载等级下，随着距加载端距离的增加，钢筋与木材的相对滑移量不断减小，但是整体变化差值较小。对于短锚固试件，加载端和自由端的滑移值差别较小；对于长锚固试件，当荷载等级较高时，可以观察到加载端与自由端滑移值的差别。当锚固长度较小时，黏结作用传递得更加充分，因而其加载端与自由端相对滑移量的差值较小；当锚固长度较长时，黏结应力分布得不均匀，进而导致不同黏结区域相对滑移量的差别。在同一锚固位置处，相同荷载等级下，内嵌钢筋直径越大，试件的相对滑移量越大。试验中 20mm 钢筋的表面更加粗糙，在钢筋拔出过程中一旦发生滑移，现象更加显著，并表现为钢筋与木材之间有较大的滑移量。

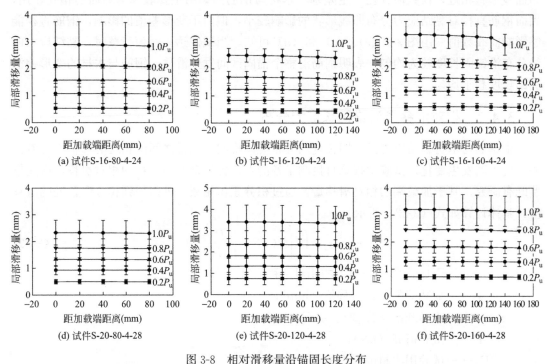

图 3-8 相对滑移量沿锚固长度分布

### 3.4.3 不同测点处黏结应力-滑移关系曲线

根据黏结应力和相对滑移量数据，可以确定不同测点处的黏结-滑移关系曲线，如图 3-9 所示。图 3-9 中各锚固测点处的黏结-滑移曲线分布不尽相同，进一步证明钢筋与木材之间黏结应力的分布是不均匀的。同时，由图中不同锚固工况试件的曲线分布可知，初始滑移阶段加载端的黏结应力较大，随着加载进程的推进，锚固自由端测点处的黏结应力不断变大，而加载端的黏结应力逐步减小，表明黏结应力在钢筋拔出过程中不断地发生传递。对比锚固加载端和自由端黏结-滑移曲线的斜率变化可知，加载端测点曲线斜率不断减小，而锚固自由端测点的黏结-滑移曲线斜率不断变大。在试验初期，加载端滑移刚度较大，而自由端滑移量较小；当试验荷载接近峰值时，锚固加载端发生明显的滑移，而自由端滑移刚度显著增大。

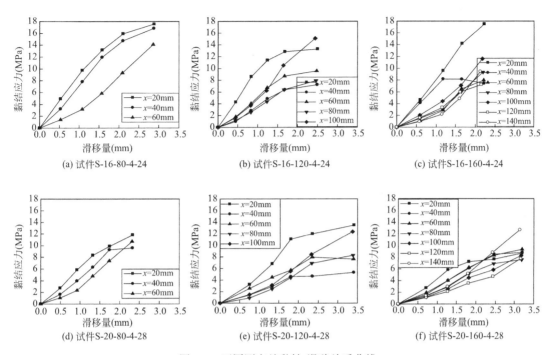

图 3-9　不同测点处黏结-滑移关系曲线

### 3.4.4　考虑位置函数的黏结-滑移关系模型

依据不同测点处的黏结-滑移关系曲线，可以得到不同测点处的黏结-滑移拟合曲线，参照式（3-34）进行拟合，具体分布曲线如图 3-10 所示。拟合曲线能够有效反映相应试验曲线（图 3-9）的分布特征：当钢筋与木材的黏结应力沿锚固长度均匀分布时，不同测点处的局部黏结-滑移曲线发展趋势相近；当黏结应力分布不均时，各测点处黏结-滑移曲线的分布产生差别。

$$\tau = q_1 + q_2 s^1 + q_3 s^2 + q_4 s^3 \tag{3-34}$$

式中　　　　　$\tau$——钢筋与木材之间的黏结应力（MPa）；

$s$——钢筋局部相对滑移量（mm）；

$q_1$、$q_2$、$q_3$、$q_4$——拟合系数。

基于不同测点处的黏结-滑移拟合曲线，通过确定在相同滑移量下各测点的黏结应力，可拟合得到相同滑移量下各组试件黏结应力沿锚固长度的分布曲线，如图 3-11 所示。不同锚固工况试件在不同滑移量下黏结应力曲线的形状相近，表现出双峰状的分布特征，与试验所得黏结应力曲线的分布相似。在不同的锚固位置，随着滑移量的增加，黏结应力的数值随之增加，但是黏结应力在整个锚固区段内的分布形状基本没有发生变化，这表明黏结区段内锚固刚度的分布没有发生变化。可构造位置函数以探索各工况下黏结应力随锚固位置的分布规律，即反映不同位置黏结锚固刚度的相对大小。

对图 3-11 中各加固工况下试件的黏结应力分布曲线进行归一化处理，可得图 3-12 所

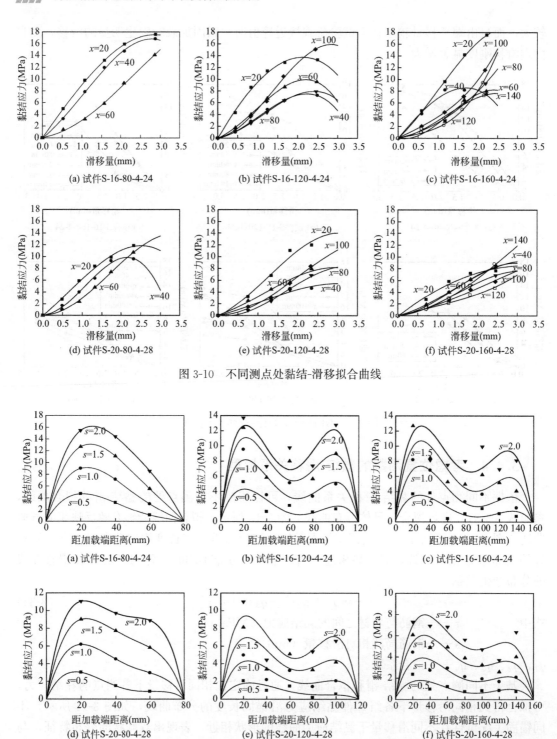

图 3-10　不同测点处黏结-滑移拟合曲线

图 3-11　相同滑移量下黏结应力沿锚固长度分布曲线

示的黏结-滑移位置函数。归一化的具体方法如下：曲线横坐标除以相应的钢筋黏结长度，进而得到相对锚固长度；同时纵坐标除以相应滑移值下的平均黏结应力 $\bar{\tau}$，便可确定位置函数。图 3-12 中为不同滑移值下黏结应力分布曲线归一化后的位置函数，平均曲线取不同滑移值曲线的平均值。由图 3-12 中曲线的分布可知，各滑移量下位置函数曲线相近，表明钢筋与木材之间的黏结应力沿锚固长度的分布规律相近，仅在数值上存在差别。位置函数表明，靠近锚固加载端和自由端的区域出现黏结应力峰值，且呈现双峰状的分布特征，这与试验结果一致。图 3-12 中归一化后的各条曲线存在一定差异，由于钢筋与木材通过环氧树脂胶体进行黏结，而胶体黏结界面的破坏属于瞬时脆性破坏，因此，试验结果具有一定的离散特性。

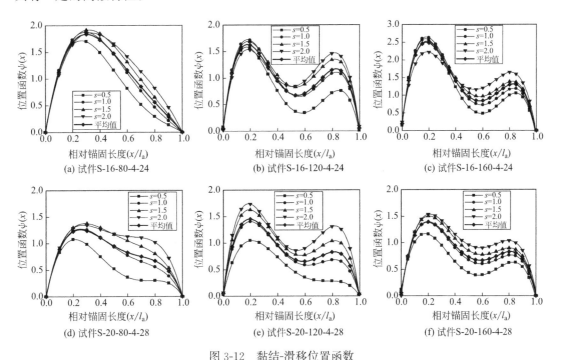

图 3-12　黏结-滑移位置函数

对图 3-12 中位置函数平均曲线进行拟合分析，式（3-35）为相应的位置函数回归表达式，位置函数的参数回归值列于表 3-3 中。由图 3-12 中各位置函数曲线分布不难发现，钢筋直径与锚固长度均会对其形状产生一定的影响。对比图中相同锚固长度下不同钢筋直径试件可知，钢筋直径对于位置函数形状的影响较小，但能改变曲线的数值，这与试验研究结果相近。当锚固长度不断增加时，位置函数双峰状的分布特征逐渐显著，同时曲线数值不断增加。由于试件数量有限，因此，没有得到钢筋直径和锚固长度对位置函数表达式量化的影响，有待进一步开展位置函数的多因素分析。

$$\psi(x) = p_1(x/l_a) + p_2(x/l_a)^2 + p_3(x/l_a)^3 + p_4(x/l_a)^4 \quad (3\text{-}35)$$

式中　$p_1$、$p_2$、$p_3$、$p_4$——拟合参数；

　　　$l_a$——锚固长度。

位置函数参数回归值　　　　　　　　　　　　　表 3-3

| 试件编号 | $p_1$ | $p_2$ | $p_3$ | $p_4$ |
|---|---|---|---|---|
| S-16-80-4-24 | 14.81 | −38.68 | 36.02 | −12.15 |
| S-16-120-4-24 | 21.74 | −92.74 | 137.20 | −66.22 |

| 试件编号 | $p_1$ | $p_2$ | $p_3$ | $p_4$ |
|---|---|---|---|---|
| S-16-160-4-24 | 32.88 | −137.50 | 197.45 | −92.99 |
| S-20-80-4-28 | 12.60 | −42.01 | 53.04 | −23.63 |
| S-20-120-4-28 | 18.09 | −72.47 | 102.30 | −47.95 |
| S-20-160-4-28 | 17.23 | −68.63 | 96.83 | −45.44 |

　　钢筋与木材之间的黏结-滑移关系随着锚固位置不断变化，因此，可以通过位置函数来描述不同位置处的黏结应力-滑移关系。以加载端钢筋与木材的平均黏结应力-滑移关系曲线 $\bar{\tau}(s)$ 为基准，同时考虑位置函数 $\Psi(x)$，通过二者的乘积表述不同位置处的黏结-滑移关系曲线，具体表达式如式（3-36）所示。至此，可以通过式（3-36）来确定锚固区段内各点处的黏结应力-滑移关系，从而更加准确地描述钢筋与木材的黏结-滑移性能，该计算模型可应用于有限元分析，同时能够指导木材表面嵌筋技术的发展和应用。

$$\tau(s,x)=\bar{\tau}(s)\cdot\psi(x) \tag{3-36}$$

式中　$\bar{\tau}(s)$——平均黏结应力-滑移关系曲线；

　　　$\psi(x)$——位置函数。

# 4 复合加固木柱轴压性能试验

## 4.1 引言

在木结构中，木柱是主要的竖向传力构件，支撑着上部复杂的屋盖和梁架体系，具有重要的结构作用。考虑到木柱易发生损伤破坏，从而影响到整体结构的稳定性和安全性，亟须对残损木柱进行加固，以保障其结构功能的发挥。FRP 材料因其优异的加固性能在工程领域备受关注，有学者采用 FRP 布加固残损木柱，结果表明 FRP 布能够提升木柱的受压性能。另有学者采用表面嵌筋方法加固木梁，结果表明该种方法能够提升木梁的抗弯承载力。综合上述两种加固方法的优缺点，本书提出了内嵌钢筋外包 CFRP 布的复合加固方法。目前有关复合加固方法的研究较少，因而需要开展相应的试验研究，以确定钢筋数量、CFRP 布加固量等因素对加固效果的影响，为该方法的工程应用提供具体的指导。

本章设计完成了 54 根复合加固圆形木柱的轴心受压试验，主要考虑的试验变量为内嵌钢筋数量、CFRP 布的布置和缠绕方式。研究内容涉及试验现象描述，典型破坏形态总结，试件荷载-位移曲线绘制和分析，变量因素对试验结果的影响讨论等。基于应变采集结果得到试件的荷载-应变曲线，曲线分布能够直观反映复合加固方法的加固效果。各加固材料与木材的应变对比曲线表明，加固材料能够与木材协调变形，进而发挥有效的加固作用。本章进行的木柱轴压试验研究充分验证了复合加固方法的加固效果。

## 4.2 轴压试验概况

### 4.2.1 试验材料

试验选用花旗松原木，部分物理力学性能参数列于表 4-1。材料性能参数均依据相应的试验规范，采用 12 个木材无疵小试样测试得到。木材横纹（径向）抗压强度依据规范《无疵小试样木材物理力学性质试验方法 第 12 部分：横纹抗压强度测定》GB/T 1927.12—2021 测定。共对 6 根 HRB400 钢筋进行对拉测试，具体的力学性能参数列于表 4-2。

钢筋与木材的黏结性能研究表明，所选用的植筋胶能够为二者提供可靠的锚固作用。因此，本章试验研究继续沿用同一生产厂家提供的双组份环氧树脂植筋胶。该批次植筋胶的材料性能参数如表 4-3 所示。

**木材材料性能参数**　　　　　　表 4-1

| 材料 | 密度<br>（g·cm⁻³） | 含水率<br>（%） | 顺纹抗压强度<br>（MPa） | 横纹抗压强度<br>（MPa） | 弹性模量<br>（MPa） |
|---|---|---|---|---|---|
| 花旗松 | 0.56 | 11.4 | 54.8 | 5.5 | 17440 |

**钢筋材料性能参数**　　　　　　表 4-2

| 钢筋牌号 | 公称直径<br>（mm） | 屈服强度<br>（MPa） | 抗拉强度<br>（MPa） | 弹性模量<br>（MPa） | 最大力总延伸率<br>（%） |
|---|---|---|---|---|---|
| HRB400 | 16 | 432 | 579 | $2.0×10^5$ | 15.4 |

**植筋胶材料性能参数**　　　　　　表 4-3

| 性能指标 | 技术指标 | | 检测结果 | 单项评定 |
|---|---|---|---|---|
| | A 级 | B 级 | | |
| 劈裂抗拉强度(MPa) | ≥8.5 | ≥7.0 | 10.1 | A 级 |
| 抗弯强度(MPa) | ≥50 | ≥40 | 55.2 | A 级 |
| 抗压强度(MPa) | ≥60 | ≥60 | 68.5 | A 级 |
| 钢对钢拉伸抗剪强度标准值(MPa) | ≥10 | ≥8 | 13.2 | A 级 |

　　本章试验研究拟对比胶黏和预应力 CFRP 布的加固效果，因此探究了上述两种纤维布的拉伸性能。CFRP 布材性试验分为两组，一组采用配套胶体浸渍处理，另一组 CFRP 布不做任何处理。每组各制作 5 个试件，首先将保护布黏贴于 CFRP 布两端，其次将钢板黏贴于保护布外侧。钢板可以防止试验机夹具对试件造成损伤；将保护布布置于 CFRP 布两端钢板内，能够保证预期破坏发生于 CFRP 布中间区段。厂商生产 CFRP 布 6 束纤维丝的宽度正好为 33mm，为方便试件的裁剪和制作，确定 CFRP 布试件的宽度为 33mm。此外，保护布的长度为 150mm，CFRP 布的长度为 600mm。直接拉伸试验依据规范《定向纤维增强聚合物基复合材料拉伸性能试验方法》GB/T 3354—2014 完成。通过位移控制加载，速率为 0.2mm·min⁻¹，试件中间区域布置 2 个应变片以测量 CFRP 布的应变数据。图 4-1 所示为 CFRP 布试件的破坏形态，未浸渍 CFRP 布条发生纤维束的絮状断裂破坏，表现出脆性破坏特征，纤维束由整齐排列变为无序的絮状分布（图 4-1a）；胶黏 CFRP 布则发生显著的脆性断裂破坏，破坏发生后 CFRP 布分裂为几个部分（图 4-1b）。

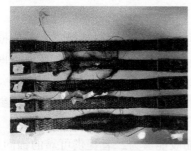　　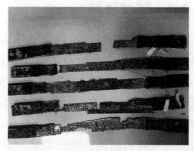

(a) 未浸渍CFRP布　　　　　　　　　　　　　(b) 胶黏CFRP布

图 4-1　CFRP 布破坏形态

通过试验数据测量得到未浸渍 CFRP 布和胶黏 CFRP 布的应力-应变分布曲线,如图 4-2 所示。由图可知,两种 CFRP 布的应力-应变关系曲线均表现出线弹性的分布特征,即随着应变的持续增加,CFRP 布应力呈线性增长。未浸渍 CFRP 布第 2 个试件的应力-应变关系曲线与其他试件存在一定差异,这可能与试件制作以及测点布置有关,而同组其他 4 个试件的曲线分布规律较为一致。胶黏 CFRP 布的应力-应变关系曲线基本重合。当两组试件达到峰值应力时,CFRP 布均发生脆性破坏,瞬间失去承载能力。基于试验结果,表 4-4 中给出未浸渍 CFRP 布和胶黏 CFRP 布的力学性能参数,同时列出生产厂家所提供胶黏 CFRP 布的相应参数。可知,胶黏 CFRP 布的拉伸强度、弹性模量和极限应变均大于未浸渍 CFRP 布,因而具有更好的力学性能。

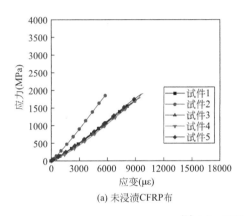

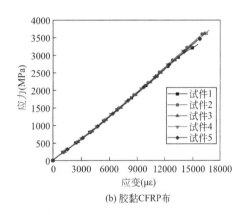

| (a) 未浸渍CFRP布 | (b) 胶黏CFRP布 |

图 4-2  CFRP 布应力-应变曲线

**CFRP 布力学性能参数对比** 表 4-4

| CFRP 布 | 厚度<br>(mm) | 拉伸强度<br>(MPa) | 标准差<br>(MPa) | 弹性模量<br>(MPa) | 标准差<br>(MPa) | 极限应变<br>($\varepsilon$) | 标准差<br>($\varepsilon$) |
|---|---|---|---|---|---|---|---|
| 未浸渍 | 0.167 | 1833 | 78 | $1.92 \times 10^5$ | $3.53 \times 10^3$ | 0.0095 | $2.6 \times 10^{-4}$ |
| 胶黏 | 0.167 | 3521 | 168 | $2.15 \times 10^5$ | $2.47 \times 10^3$ | 0.016 | $5.6 \times 10^{-4}$ |
| 厂家数据 | 0.167 | ≥3400 | — | ≥$2.30 \times 10^5$ | — | ≥0.016 | — |

### 4.2.2 试件设计

试验以内嵌钢筋数量、CFRP 布的布置数量和缠绕形式作为影响因素,研究所选取的试件均为圆形短木柱。试验中木柱的直径为 235mm,高为 800mm,设计长径比为 3.4。木柱均由同一批原木加工制作,对于各加固工况试件,均随机选取原木柱进行加工,以减小材料离散性的影响。试验分组和试件具体的加固信息列于表 4-5,试件编号表示内嵌钢筋的数量、CFRP 布的加固量和缠绕形式。试件编号中的数字为内嵌钢筋的数量,N 代表未布置 CFRP 布,S 代表间隔布置 CFRP 布,E 代表全柱身黏贴 CFRP 布,P 代表 CFRP 布通过施加预应力缠绕于木柱表面,预应力缠绕 CFRP 布试件均采用间隔布置形式。

试件分组 表 4-5

| 试件编号 | 内嵌钢筋数量（根） | CFRP 布加固量 | CFRP 布缠绕形式 | 试件数量（个） |
|---|---|---|---|---|
| TC-0-N | 0 | 未布置 | — | 5 |
| TC-0-S | 0 | 间隔布置 | 胶黏包裹 | 5 |
| TC-0-E | 0 | 全柱身布置 | 胶黏包裹 | 5 |
| TC-0-P | 0 | 间隔布置 | 预应力缠绕 | 3 |
| TC-2-N | 2 | 未布置 | — | 3 |
| TC-2-S | 2 | 间隔布置 | 胶黏包裹 | 3 |
| TC-2-E | 2 | 全柱身布置 | 胶黏包裹 | 3 |
| TC-2-P | 2 | 间隔布置 | 预应力缠绕 | 3 |
| TC-3-N | 3 | 未布置 | — | 3 |
| TC-3-S | 3 | 间隔布置 | 胶黏包裹 | 3 |
| TC-3-E | 3 | 全柱身布置 | 胶黏包裹 | 3 |
| TC-3-P | 3 | 间隔布置 | 预应力缠绕 | 3 |
| TC-4-N | 4 | 未布置 | — | 3 |
| TC-4-S | 4 | 间隔布置 | 胶黏包裹 | 3 |
| TC-4-E | 4 | 全柱身布置 | 胶黏包裹 | 3 |
| TC-4-P | 4 | 间隔布置 | 预应力缠绕 | 3 |

本试验共设计制作了 54 根不同加固工况的试验试件，试件具体的加固描述如图 4-3 所示。表面内嵌钢筋的数量及布设位置如图 4-3 所示，钢筋直径 16mm，长度为 800mm，即沿全柱身嵌筋。为保证钢筋与木材之间具备可靠的黏结作用，选定胶层厚度为 4mm，开槽尺寸为 24mm×24mm。CFRP 布间隔布置时，布条宽度为 150mm，黏贴间距为 175mm；当 CFRP 布沿全柱身黏贴时，布条宽度为 200mm，沿柱身共布置 4 块横向 CFRP 布。

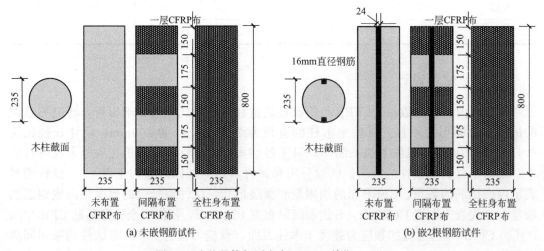

图 4-3  木柱具体加固方案（一）（单位：mm）

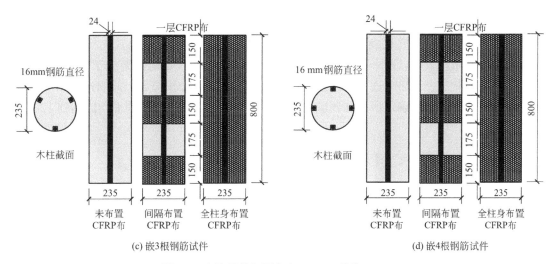

(c) 嵌3根钢筋试件　　　　　　　　　　(d) 嵌4根钢筋试件

图 4-3　木柱具体加固方案（二）（单位：mm）

图 4-4 所示为制作完成的试件，其具体的加固步骤如下。以复合加固木柱为例，首先在木柱表面开尺寸 24mm×24mm 的木槽，采用酒精对木槽清洗去污，并通过双组份的环氧树脂植筋胶将钢筋黏结于木槽内。钢筋与木槽的间隙填充满植筋胶，静置养护至胶体硬化。将裁剪完备的 CFRP 布涂刷配套浸渍胶，同时在木柱表面预定位置刷抹浸渍胶，将浸渍过的 CFRP 布缠绕于木柱表面，CFRP 布的搭接长度约为 120mm。当 CFRP 布通过预应力缠绕于木柱表面时，首先裁剪预定长度的 CFRP 布，并将 CFRP 布两端与自锁式锚具相连接。之后，将 CFRP 布通过自锁式锚具缠绕于木柱表面预定位置，并对其施加预应力。所有试件在 20℃室温和 50%湿度的实验室环境中养护约 7d，便可进行轴心受压试验。

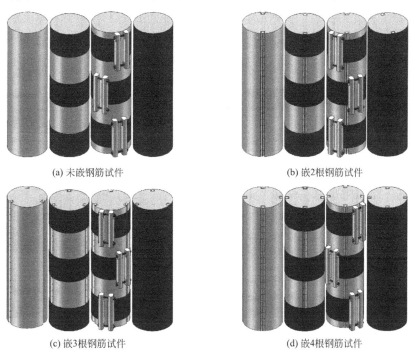

(a) 未嵌钢筋试件　　　　　　　　　　(b) 嵌2根钢筋试件

(c) 嵌3根钢筋试件　　　　　　　　　　(d) 嵌4根钢筋试件

图 4-4　试件加固概念图

图 4-5 为试验中使用的自锁式锚具示意图，对 CFRP 布施加预应力时，分为以下几个步骤。首先，根据木柱周长确定 CFRP 布的裁剪长度。其次，通过锚具夹持 CFRP 布两端，并缠绕于木柱表面，两个锁头通过高强螺栓连接。CFRP 布初始缠绕于木柱表面时，处于自然松弛状态。最后，通过依次紧固螺母对 CFRP 布施加预应力，并通过黏贴于锁头附近 4 个应变片的读数确定所施加预应力的大小。当 4 个应变片读数的平均值达到 $1200\mu\varepsilon$ 时，停止施加预应力。

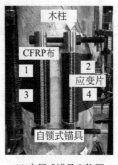
(a) 自锁式锚具实物图

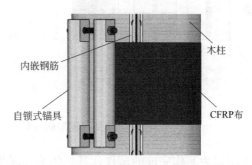
(b) 自锁式锚具概念图

图 4-5　自锁式锚具

### 4.2.3　试验装置及数据量测

复合加固木柱的轴心受压试验由一台 6000kN 电液伺服压力试验机完成，如图 4-6 所示为试验装置示意图，试验荷载通过加载板直接作用于木柱。试验加载分为两个步骤，首先采用力控制加载，以 $1kN \cdot s^{-1}$ 的速率从 0kN 加载至 500kN；之后转变为位移控制加载，加载速率为 $0.5mm \cdot min^{-1}$，当试验荷载下降至峰值的 70% 时，试验停止。由图 4-6（a）可知，试验荷载由荷载传感器采集，试件整体压缩变形由两支对称布置的位移计记录。试验时采用一种自制引伸计，即通过试件中部区域上、下两个截面的位移差值得到该区域的

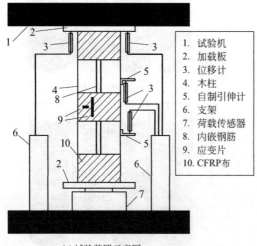

1. 试验机
2. 加载板
3. 位移计
4. 木柱
5. 自制引伸计
6. 支架
7. 荷载传感器
8. 内嵌钢筋
9. 应变片
10. CFRP布

(a) 试验装置示意图　　　　　　(b) 试验装置实物图

图 4-6　试验装置

压缩变形量。图 4-7 为自制引伸计的示意图，其中上、下两块钢片之间的距离为 300mm，上钢片到柱顶以及下钢片到柱底的距离相同，均为 250mm。需要特别说明的是，由于木材具有不均匀性，试验中自制引伸计的数据采集效果不理想。该引伸计仿照混凝土和钢结构相关研究制作，但是由于材料性能差异性较大，未得到可靠的试验数据。因而，在后续试验结果分析中，未对引伸计采集数据进行分析。

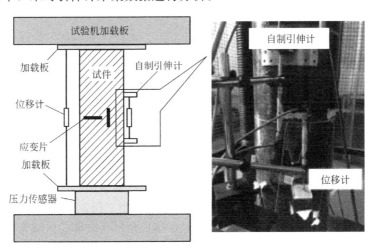

图 4-7　引伸计示意图

试验时，测量木柱中部区域的纵向应变和横向应变，为对比 CFRP 布与木材的变形状态，在 CFRP 布表面与木材应变片对应位置同时布置应变测点。此外，在内嵌钢筋沿高度方向中心位置布置纵向应变片，以获取钢筋的轴向变形信息。图 4-8 描述了试验中三种材料具体的应变测点布置。原木柱加工成型后，在实验室环境中保存半年之后，开始进行相应的加固和试验，由于木材不可避免会存在干缩裂缝，部分木材应变测点实际的位置与预定测点有微小的差别。上述提及的试验量测内容，包括荷载、位移和三种材料的应变数据，均由 IMC 动态应变测试系统同步高频采集获取。

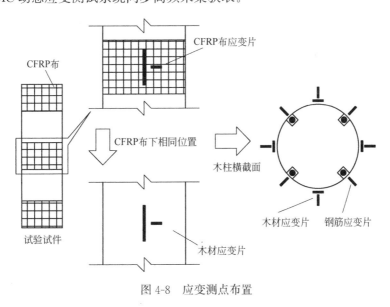

图 4-8　应变测点布置

## 4.3 试验结果分析

### 4.3.1 试验现象

试验初期并无明显现象，随着加载进程的推进，木材纤维的挤压错动声逐渐增大，频率增加。木材表面并无显著破坏特征，CFRP布表面泛白，表现出张拉迹象。当竖向荷载接近试件峰值时，木材纤维的挤压错动声加剧，且连续发生错动；而木材外表面以及加固材料无明显破坏特征。随着试件竖向荷载进入下降段，木柱初始缺陷集中区域，尤其是木节处发生开裂，木节周边木材发生撕裂、压溃和外凸。木柱初始干缩裂缝不断地延伸和扩张，同时木柱表面产生细微裂缝。随着木柱竖向变形和横向变形的增加以及损伤的积累，局部CFRP布发生脆性断裂破坏。且随着试件压缩变形的增加，CFRP布的破坏由局部发展到邻近区域。当木材表面内嵌钢筋失去CFRP布的约束作用后，便会逐渐发生屈曲。当试验结束时，试件的破坏明显，木材主要表现出开裂、错动、压溃以及外凸等特征；CFRP布表现为局部区域的彻底断裂；钢筋在CFRP布发生破坏的区域弯曲变形。内嵌钢筋外包CFRP布的复合加固方法能够减小木柱的破坏程度，但是由于木材初始缺陷的影响，木柱的破坏主要集中于初始缺陷区域，且不易发生改变。

### 4.3.2 试件典型破坏形态

图4-9所示为试件典型的破坏形态。图4-9（a）为对比试件的破坏形态，可知其主要表现为木节的开裂和压溃。当木节处发生破坏后，其周边木材纤维发生挤压和错动，裂缝明显开展和延伸。由于木材纤维的断裂以及木节的压溃，木柱主要的竖向压缩变形位于初始缺陷集中区域。图4-9（b）所示为未嵌筋间隔布置CFRP布试件的破坏形态。CFRP布间隔区域的木材发生断裂和外凸，而由于CFRP布的约束作用，木柱其他区域较为完好，同时CFRP布基本没有发生破坏。图4-9（c）中的试件内嵌有4根钢筋而未布置CFRP布，可知木柱中部邻近木节区域的变形较大，钢筋的弯曲变形明显。图中的两根钢筋均发生屈曲，但是具体的破坏特征有所差别。其中一根钢筋与植筋胶黏结良好，受压发生弯曲时二者协同变形，其周边木材纤维发生剪切破坏；另一根钢筋上覆胶层发生脱落，钢筋发生屈曲破坏，而植筋胶与木材黏结完好。

图4-9（d）所示试件采用内嵌钢筋间隔黏贴CFRP布的复合加固方法，该试件中木材发生挤压和错动，CFRP布断裂，钢筋屈曲，其破坏特征具有代表性。在破坏过程中，木材的薄弱区域变形显著，由于较大的局部变形，CFRP布应力集中达到其极限拉应变，进而发生脆性断裂破坏。柱顶和柱底的CFRP布则没有明显的破坏迹象。在持续的压缩变形下，由于失去CFRP布的约束作用，钢筋发生弯曲。内嵌钢筋预应力CFRP布约束木柱的破坏形态列于图4-9（e）。试件的破坏程度较为剧烈，木材发生明显的错动和外凸，破坏面积较大。同时，预应力CFRP布发生大面积的絮状断裂，虽然没有完全断裂，但是破坏区域的CFRP布失去约束效力。未发生破坏区域的预应力CFRP布仍保持光泽，未发生损伤。失去CFRP布的约束作用，加之木柱有较大的轴向变形，内嵌钢筋弯曲加剧。图4-9（f）为内

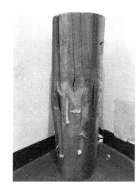

(a) 试件TC-0-N-(2)　　　　　(b) 试件TC-0-S-(3)　　　　　(c) 试件TC-4-N-(3)

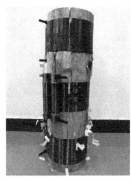

(d) 试件TC-4-S-(3)　　　　　(e) 试件TC-4-P-(3)　　　　　(f) 试件TC-3-E-(1)

图 4-9　典型破坏形态

嵌 3 根钢筋全柱身黏贴 CFRP 布试件的破坏形态，试件在木节邻近区域发生木材的错动和外凸，由于木材不断累积横向变形，CFRP 布发生脆性断裂，钢筋屈曲。木柱除破坏区域加固材料的变形显著，其他区域均留存完好。

复合加固木柱的破坏进程和特征相近，木材的破坏发生于初始缺陷较为集中的区域，且随着竖向荷载的不断施加，缺陷区域木材的损伤进一步累积，而其他区域木材无明显变化。局部区域的破坏引起 CFRP 布的应力集中，加之木材发生较大的变形，CFRP 布易达到极限拉应变而发生脆性断裂破坏。钢筋竖向变形较大，失去 CFRP 布的约束作用，随即发生屈曲破坏。

图 4-10 所示为木材的典型破坏形态，木柱的破坏始于初始缺陷集中区域，图中所示木柱的破坏均发生于木节处。随着竖向荷载的不断施加，木材破坏区域损伤不断累积，而

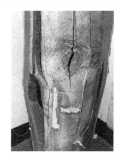

图 4-10　木材破坏形态

其他区域无明显变化。在轴压作用下，木节易发生开裂和压溃，邻近区域木材变形显著，表现为木材纤维的挤压错动。随着破坏的加剧，木材进一步发生开裂、错动和外凸，承载能力大幅降低。

试验中胶黏 CFRP 布易发生脆性断裂破坏，具体如图 4-11 所示。由于木材初始缺陷的影响，邻近木材发生显著变形，CFRP 布对木材的横向变形产生约束作用。当 CFRP 布应变达到其极限拉应变时，便会发生脆性断裂，由图 4-11 可知，CFRP 布的破坏区域均有木节存在。

图 4-11　胶黏 CFRP 布破坏形态

预应力 CFRP 布的破坏形态见图 4-12，表现为 CFRP 布的絮状断裂破坏。CFRP 布并未彻底断裂，但是纤维束破坏，颜色暗淡，并完全丧失约束效力。由于木材的横向变形，引发预应力 CFRP 布的局部应力集中，达到极限拉应变后，纤维束断裂，进而由局部向整体发生大面积的失效。

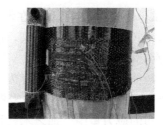

图 4-12　预应力 CFRP 布破坏形态

如图 4-13 所示，内嵌钢筋主要表现为屈曲破坏。钢筋失去 CFRP 布的约束作用，同时随着木柱整体压缩量的不断增加，钢筋易发生屈曲。由图 4-13 中钢筋的破坏特征可知，由于初始缺陷处木材和 CFRP 布破坏显著，其邻近区域钢筋所受约束作用最弱，弯曲破坏加剧。

图 4-13　内嵌钢筋破坏形态

### 4.3.3 荷载-位移曲线

图 4-14 为试验试件的荷载-位移曲线，横坐标为轴向位移，纵坐标为加固木柱的竖向荷载。由图可知，各条曲线基本由三部分组成。首先，曲线初始为近似线性上升段，之后曲线斜率逐渐变小，进入非线性增长段，直至达到峰值。达到峰值后，曲线进入下降段，下降段斜率与内嵌钢筋数量和 CFRP 布的布置形式相关。由于木材作为生物质的建材，其材料不可避免具有离散性，图中相同加固工况试件的曲线分布亦会存在一定的差异。

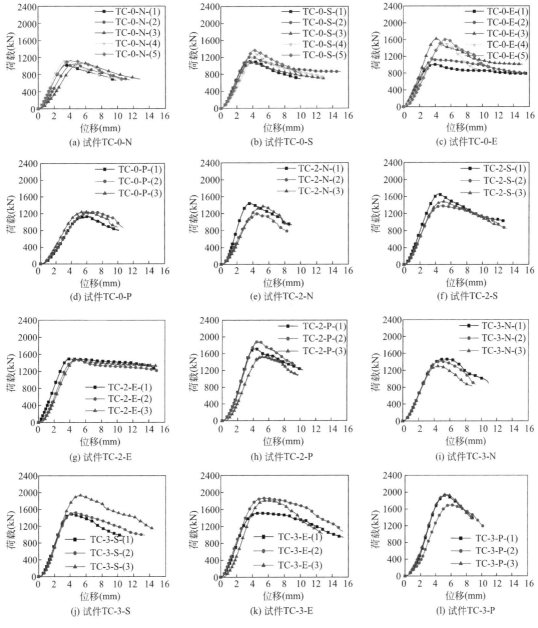

图 4-14　试件荷载-位移曲线（一）

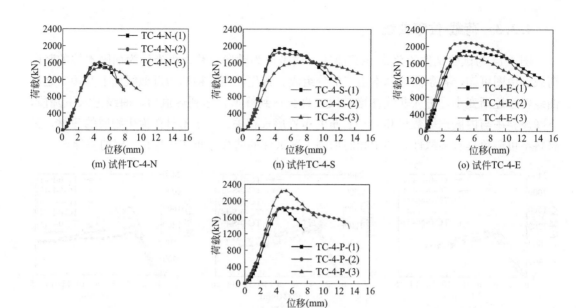

图 4-14　试件荷载-位移曲线（二）

由图 4-14（e）、（i）和（m）可知，试件的荷载-位移曲线形状较为相近，试件的峰值荷载随着内嵌钢筋数量的增加而增加。图中 CFRP 布的布置形式相同，而内嵌钢筋数量不同试件的荷载-位移曲线具有与上述相似的分布特征。这表明增加内嵌钢筋数量能够提升木柱的竖向承载力，但是对变形能力的改善不明显。当增加胶黏 CFRP 布的加固量时，木柱的承载和变形能力均得到显著提升。预应力 CFRP 布能够提升试件的承载力，但对变形能力几乎没有影响。由图 4-14 中的曲线分布可知，仅采用内嵌钢筋加固不能有效提升木柱的变形能力，但是当有胶黏 CFRP 布的约束作用时，内嵌钢筋能够对改善木柱的变形性能做出贡献。以 TC-2-E 组试件为例，虽然仅内嵌 2 根钢筋，但胶黏 CFRP 布的约束作用能够防止内嵌钢筋过早发生屈曲，从而可以提升木柱的刚度和承载能力，进而减缓木柱的横向变形。同时，内嵌钢筋对木柱承载力的贡献可以使试件处于较高应力水平的三向受压状态，木柱的变形性能因此得到提升。在内嵌钢筋与胶黏 CFRP 布的协同工作下，木柱的承载力和变形性能均得到有效提升；而预应力 CFRP 布能够显著提升木柱的承载力，但是由于脆性破坏特征显著，加固木柱过峰值后的变形能力较差。

基于试验所得荷载-位移曲线，表 4-6 列出各组试件的试验结果。其中，$P_u$ 和 $\overline{P}_u$ 分别代表试件的峰值荷载和各组试件的平均峰值荷载；$\Delta_u$ 和 $\Delta_y$ 分别表示试件的极限位移和名义屈服位移，延性系数 $u_\Delta$ 通过式（4-1）计算。为讨论复合加固木柱的变形能力，本章极限位移 $\Delta_u$ 定义为当试验荷载下降至峰值的 85% 时所对应的试件轴向变形，名义屈服位移 $\Delta_y$ 则可通过等效能量法计算得到。表中 $\overline{u}_\Delta$ 代表各组试件延性系数 $u_\Delta$ 的均值，此外 $P_u$ 和 $u_\Delta$ 的提升率均是对比于未加固试件数值的计算结果。

$$u_\Delta = \Delta_u / \Delta_y \tag{4-1}$$

木材的初始缺陷（如木节、髓心等）会造成试验结果的离散性，因此，木材材料性能成为影响试验结果的主要因素之一。由表 4-6 中所列数据可知,复合加固方法能够大幅提升木柱的轴心受压承载力,胶黏 CFRP 布可以改善木柱的变形能力,内嵌钢筋只有与胶黏 CFRP 布协同工作,才能为提升木柱的变形能力做出贡献,预应力 CFRP 布则可能降低木柱的位移延性。

试验结果　　　　　　　　　　　　　表 4-6

| 试件编号 | $P_u$(kN) | $\overline{P}_u$(kN) | $\overline{P}_u$ 增长率(%) | $\Delta_u$(mm) | $\Delta_y$(mm) | $u_\Delta$ | $\overline{u}_\Delta$ | $\overline{u}_\Delta$ 增长率(%) |
|---|---|---|---|---|---|---|---|---|
| TC-0-N-(1) | 1017.45 | | | 6.26 | 3.29 | 1.90 | | |
| TC-0-N-(2) | 1046.24 | | | 7.03 | 4.31 | 1.63 | | |
| TC-0-N-(3) | 1066.69 | 1078.82 | — | 8.47 | 5.36 | 1.58 | 1.74 | — |
| TC-0-N-(4) | 1129.35 | | | 5.37 | 3.24 | 1.66 | | |
| TC-0-N-(5) | 1134.38 | | | 7.10 | 3.69 | 1.92 | | |
| TC-0-S-(1) | 1097.41 | | | 6.04 | 3.30 | 1.83 | | |
| TC-0-S-(2) | 1208.39 | | | 6.72 | 3.54 | 1.90 | | |
| TC-0-S-(3) | 1071.37 | 1202.47 | 11.46 | 6.69 | 3.49 | 1.92 | 1.70 | −2.30 |
| TC-0-S-(4) | 1268.97 | | | 5.92 | 4.40 | 1.35 | | |
| TC-0-S-(5) | 1366.22 | | | 6.24 | 4.17 | 1.50 | | |
| TC-0-E-(1) | 1006.46 | | | 9.79 | 3.26 | 3.00 | | |
| TC-0-E-(2) | 1117.96 | | | 10.63 | 3.36 | 3.16 | | |
| TC-0-E-(3) | 1619.64 | 1372.27 | 27.20 | 6.42 | 4.07 | 1.58 | 2.11 | 21.26 |
| TC-0-E-(4) | 1505.12 | | | 6.77 | 4.95 | 1.37 | | |
| TC-0-E-(5) | 1612.16 | | | 7.27 | 5.11 | 1.42 | | |
| TC-0-P-(1) | 1138.15 | | | 5.47 | 7.96 | 1.46 | | |
| TC-0-P-(2) | 1233.36 | 1205.71 | 11.76 | 5.98 | 9.72 | 1.63 | 1.61 | −7.47 |
| TC-0-P-(3) | 1245.62 | | | 5.10 | 8.84 | 1.73 | | |
| TC-2-N-(1) | 1438.21 | | | 6.11 | 3.37 | 1.81 | | |
| TC-2-N-(2) | 1199.54 | 1336.23 | 23.86 | 6.57 | 4.19 | 1.57 | 1.64 | −5.75 |
| TC-2-N-(3) | 1370.95 | | | 7.28 | 4.76 | 1.53 | | |
| TC-2-S-(1) | 1658.40 | | | 7.00 | 4.14 | 1.69 | | |
| TC-2-S-(2) | 1380.20 | 1506.13 | 39.61 | 9.34 | 4.14 | 2.26 | 1.95 | 12.07 |
| TC-2-S-(3) | 1479.79 | | | 8.21 | 4.31 | 1.90 | | |
| TC-2-E-(1) | 1491.24 | | | 14.73 | 3.59 | 4.10 | | |
| TC-2-E-(2) | 1467.43 | 1483.30 | 37.49 | 14.15 | 4.50 | 3.14 | 3.60 | 106.90 |
| TC-2-E-(3) | 1491.24 | | | 16.85 | 4.72 | 3.57 | | |
| TC-2-P-(1) | 1719.97 | | | 4.31 | 7.29 | 1.69 | | |
| TC-2-P-(2) | 1898.19 | 1721.65 | 59.59 | 4.92 | 7.13 | 1.45 | 1.57 | −9.77 |
| TC-2-P-(3) | 1546.78 | | | 5.06 | 7.91 | 1.56 | | |

| 试件编号 | $P_u$(kN) | $\overline{P}_u$(kN) | $\overline{P}_u$ 增长率 (%) | $\Delta_u$(mm) | $\Delta_y$(mm) | $u_\Delta$ | $\overline{u}_\Delta$ | $\overline{u}_\Delta$ 增长率 (%) |
|---|---|---|---|---|---|---|---|---|
| TC-3-N-(1) | 1462.40 | | | 7.65 | 4.36 | 1.75 | | |
| TC-3-N-(2) | 1409.45 | 1390.39 | 28.88 | 7.47 | 4.33 | 1.73 | 1.71 | −1.72 |
| TC-3-N-(3) | 1299.33 | | | 6.60 | 4.02 | 1.64 | | |
| TC-3-S-(1) | 1487.12 | | | 7.16 | 3.76 | 1.90 | | |
| TC-3-S-(2) | 1524.12 | 1648.53 | 52.81 | 8.53 | 4.25 | 2.01 | 1.89 | 8.62 |
| TC-3-S-(3) | 1934.35 | | | 8.43 | 4.79 | 1.76 | | |
| TC-3-E-(1) | 1513.59 | | | 11.05 | 3.84 | 2.88 | | |
| TC-3-E-(2) | 1860.73 | 1727.90 | 60.17 | 11.24 | 4.31 | 2.61 | 2.42 | 39.08 |
| TC-3-E-(3) | 1809.38 | | | 9.12 | 5.13 | 1.78 | | |
| TC-3-P-(1) | 1932.14 | | | 5.33 | 7.38 | 1.38 | | |
| TC-3-P-(2) | 1696.24 | 1856.38 | 72.08 | 6.09 | 8.93 | 1.47 | 1.42 | −18.39 |
| TC-3-P-(3) | 1940.76 | | | 5.21 | 7.33 | 1.41 | | |
| TC-4-N-(1) | 1551.97 | | | 6.27 | 3.81 | 1.65 | | |
| TC-4-N-(2) | 1604.99 | 1548.33 | 43.52 | 6.58 | 4.07 | 1.62 | 1.78 | 2.30 |
| TC-4-N-(3) | 1488.03 | | | 7.93 | 3.83 | 2.07 | | |
| TC-4-S-(1) | 1944.42 | | | 8.33 | 4.15 | 2.01 | | |
| TC-4-S-(2) | 1838.45 | 1796.56 | 66.53 | 9.49 | 4.09 | 2.32 | 2.43 | 39.66 |
| TC-4-S-(3) | 1606.82 | | | 14.25 | 4.82 | 2.96 | | |
| TC-4-E-(1) | 1892.31 | | | 11.20 | 3.80 | 2.95 | | |
| TC-4-E-(2) | 2091.06 | 1923.54 | 78.30 | 9.81 | 3.10 | 3.16 | 2.96 | 70.11 |
| TC-4-E-(3) | 1787.26 | | | 8.96 | 3.22 | 2.78 | | |
| TC-4-P-(1) | 1830.36 | | | 4.85 | 6.43 | 1.33 | | |
| TC-4-P-(2) | 1839.67 | 1973.82 | 82.96 | 4.27 | 11.84 | 2.77 | 1.89 | 8.62 |
| TC-4-P-(3) | 2251.43 | | | 4.71 | 7.39 | 1.57 | | |

### 4.3.4　试验结果分析

图 4-15 描绘了胶黏 CFRP 布约束试件的峰值荷载分布趋势，其中横轴表示 CFRP 布的布置形式，N 代表未黏贴 CFRP 布，S 代表间隔黏贴 CFRP 布，E 代表全柱身黏贴 CFRP 布。尽管试验结果具有离散性，但不难发现内嵌钢筋能够提升木柱的竖向承载力。在 CFRP 布加固工况一定的情况下，随着内嵌钢筋数量的增加，试件的峰值荷载不断提升。由图 4-15 可知，当增加胶黏 CFRP 布加固量时，木柱的峰值荷载随之增加。由于试验具有离散性，TC-2-E 组试件的平均峰值荷载略低于 TC-2-S 组试件。试件 TC-2-S-(1) 的峰值荷载可达 1658.40kN，因此，该组试件的平均承载力较高。试验之后发现，试件 TC-2-S-(1) 的初始缺陷较少，且木纹密集，可知木材自身材料性能是影响木柱受压性能的重要因素。

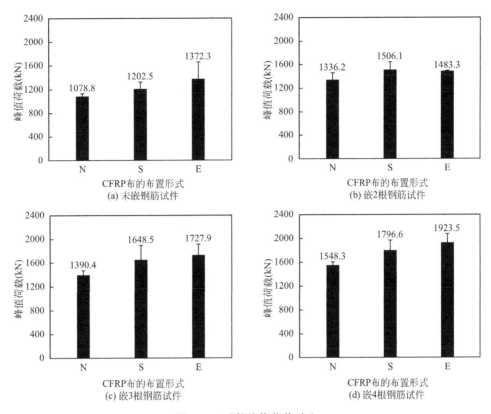

图 4-15    试件峰值荷载对比

图 4-16 表示内嵌钢筋数量相同条件下，CFRP 布缠绕形式对木柱峰值荷载的影响，图中选取各组试件的平均值进行对比分析。在不同的 CFRP 布布置形式下，试件的峰值荷载均随着内嵌钢筋数量的增加而增加，表明内嵌钢筋能够承受竖向荷载，并与木柱协同工作，进而有效地提升试件的承载能力。相比于 TC-0-N 组试件，TC-0-S 和 TC-0-P 组试件的峰值荷载分别提升了 11.46% 和 11.56%，承载力有所提升，但幅值有限。图 4-16 中的对比结果表明，当内嵌钢筋数量相同时，预应力 CFRP 布加固试件的峰值荷载均大于胶黏 CFRP 布加固试件的数值。且当采用内嵌钢筋外包 CFRP 布的复合加固方法时，不论 CFRP 布采取胶黏还是预应力缠绕的形式，木柱承载力的提升均较为显著。预应力 CFRP 布能够施加主动约束作用，使木柱从开始受荷便处于三向受压状态，进而提升木柱的受压性能。钢筋的承压作用可进一步提升木柱的受压承载力，提高应力水平，因此木柱的受压性能随之增加。胶黏 CFRP 布的约束作用属于被动约束，当木柱有明显横向变形时，才能受到 CFRP 布的约束作用。应力滞后现象会在一定程度上影响胶黏 CFRP 布的加固效果。内嵌钢筋能够提升木柱的峰值荷载；在承载力提升方面，预应力 CFRP 布的加固性能优于胶黏 CFRP 布；复合加固方法能够有效提升木柱的轴压承载力。

为探究复合加固木柱变形性能的影响因素，将各试件的延性系数绘制于图 4-17 之中，其中 N 代表未缠绕 CFRP 布，S 代表间隔黏贴 CFRP 布，E 代表全柱身黏贴 CFRP 布。仅嵌筋未布置 CFRP 布试件的延性系数相近，表明在没有 CFRP 布的约束作用下，钢筋不能

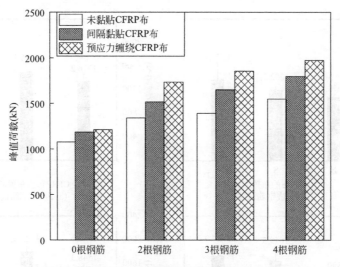

图 4-16　不同 CFRP 布布置形式试件峰值荷载对比

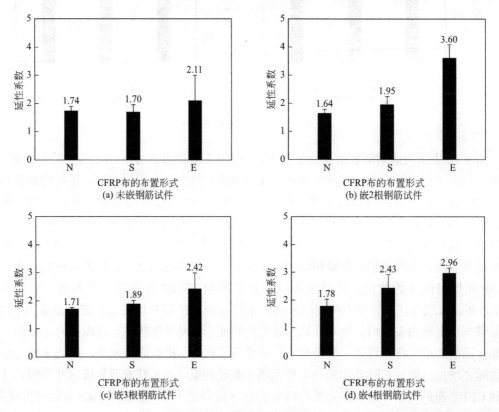

图 4-17　试件延性系数对比

影响木柱的位移延性。当 CFRP 布采用间隔布置形式时，随着内嵌钢筋数量的增加，木柱的延性系数不断提高。CFRP 布的水平约束作用能够防止内嵌钢筋过早发生屈曲，进而提升木柱过峰值后的承载能力。在可靠约束作用下，内嵌钢筋能够发挥其材料性能，为木柱的变形做出贡献，木柱则在过峰值后持续承载表现出较好的位移延性。仅采用内嵌钢筋加固不能有效改善木柱的延性，当采用内嵌钢筋外包 CFRP 布的复合加固方法时，试件的变形能力提升显著。图 4-17 表明，当内嵌钢筋数量相同时，随着 CFRP 布加固量的增加，试件的延性系数不断增加。TC-0-S 组试件延性系数的增长率为－2.30%，由于木材离散性的影响，木柱的破坏过程较快，故该组试件未表现出位移延性的提升。由各组试件在不同 CFRP 布加固量下延性系数的分布可知，胶黏 CFRP 布的确能够提升木柱的变形性能，且随着 CFRP 布加固量的增加，木柱的位移延性进一步得到改善。

图 4-18 列出了不同 CFRP 布布置形式试件的延性系数分布，当采用内嵌钢筋外黏 CFRP 布复合加固时，木柱的延性系数提升明显，表明复合加固方法能够改善木柱的变形能力。当采用预应力 CFRP 布约束木柱时，试件的延性系数随着内嵌钢筋数量的增加而不断降低。当木柱内嵌钢筋数量一定时，黏贴 CFRP 布试件的延性优于仅嵌筋试件，而预应力 CFRP 布不能改善木柱延性，甚至会削弱木柱的变形能力。这是因为预应力 CFRP 布使木柱从初始加载便处于三向受压状态，试件的峰值荷载提升显著。在较高竖向荷载作用下，木材横向变形加剧，导致预应力 CFRP 布发生脆性破坏。失去 CFRP 布的约束作用，同时在较高的荷载等级下，木柱迅速发生破坏，并表现出较差的延性。胶黏 CFRP 布的极限应变为 16000με，而未浸渍 CFRP 布极限应变的数值仅有 9500με。当木柱产生一定的横向变形时，未浸渍 CFRP 布先于胶黏 CFRP 布发生破坏，进而失去对木柱的约束作用。预应力 CFRP 布在施加预应力后便具有 1200με 的初始应变，因此，在试验中，预应力 CFRP 布易因达到其极限拉应变而发生脆性破坏。由于预应力 CFRP 布约束试件在较大的荷载等级下过早失去 CFRP 布的约束作用，木柱的破坏进程表现出明显的脆性特征。内嵌钢筋的承载作用能够促进胶黏 CFRP 布对木柱的约束效应，CFRP 布的水平约束作用则确保钢筋能够为试件延性做出贡献。而预应力 CFRP 布在较大应力水平下易发生脆性破坏，CFRP 布约束作用的缺失进一步加快了木柱的破坏进程。在改善木柱变形性能方面，胶黏 CFRP 布的加固效果优于预应力 CFRP 布。

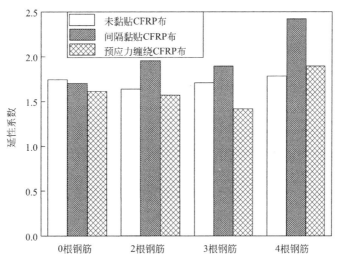

图 4-18 不同 CFRP 布布置形式试件延性系数对比

# 4.4 应变分析

### 4.4.1 试件荷载-应变曲线

为对比试件的承载能力和变形能力，将各加固木柱的荷载-应变曲线绘制于图 4-19 中。坐标横轴正向为木柱横向应变平均值，坐标横轴负向为木柱纵向应变平均值。在试验荷载下降段，由于木材变形较大，且部分区域木材发生损伤及破坏，大部分应变片退出工作，因此部分试件仅给出荷载-应变上升段曲线。在相同荷载等级下，随着胶黏 CFRP 布用量的增加，木柱的纵向应变逐渐减小，表明木柱的受压刚度得到提升。同时，预应力 CFRP 布约束试件的荷载-纵向应变曲线上升段斜率大于相同加固工况胶黏 CFRP 布试件的数值，表明预应力 CFRP 布在提升木柱承载力方面效果突出。如图 4-19（g）、（k）和（o）所示，全柱身黏贴 CFRP 布试件的荷载-纵向应变曲线在过峰值后出现平台段，可知胶黏 CFRP 布的约束作用能够改善木柱的变形能力。对比间隔布置胶黏 CFRP 布与预应力 CFRP 布约束试件的荷载-纵向应变曲线可知，预应力 CFRP 布约束试件的峰值荷载更大；而胶黏 CFRP 布约束试件在曲线过峰值后的塑性变形更加突出，同时相比于未包布试件，其峰值荷载同样提升明显。随着胶黏 CFRP 布加固量的增加，试验木柱的峰值荷载和延性均得到提升；预应力 CFRP 布则能够大幅提升木柱的竖向承载能力，但不利于改善试件的变形能力。

钢筋的承压作用能够提升木柱的承载能力，且 CFRP 布的约束作用可以确保钢筋的工作效率。由图 4-19 中曲线可知，随着内嵌钢筋数量的增加，曲线峰值荷载不断提升。当采用胶黏 CFRP 布约束木柱时，试件荷载-纵向应变曲线下降段斜率随着内嵌钢筋数量的增加而不断减小，TC-4-S 和 TC-4-E 组试件下降段曲线甚至出现平台段，表明内嵌钢筋可以延缓木柱荷载下降，进而提升其延性。由于 CFRP 布的有效约束作用，内嵌钢筋能够与木柱协同工作并发挥作用，进而提升木柱的承载能力和变形能力。

图 4-19 中第一象限内为试验木柱的荷载-横向应变曲线。当内嵌钢筋数量一定时，随着胶黏 CFRP 布加固量的增加，曲线上升段斜率增加。以内嵌 2 根钢筋试件为例，当木材横向应变达到 $1000\mu\varepsilon$ 时，TC-2-N 组试件的荷载为 962kN，TC-2-S 组试件的相应数值约为 1074kN，而 TC-2-E 组试件所受荷载接近 1243kN，可知胶黏 CFRP 布能够有效约束木柱的横向膨胀。由于胶黏 CFRP 布的约束作用，木柱的纵向变形和横向变形均得到有效的抑制，进而使木柱的竖向承载力得到提升。由于预应力 CFRP 布的主动约束作用，对比胶黏 CFRP 布所提供的被动约束，木柱的横向变形得到进一步抑制，加固木柱因而具有更大的横向变形刚度。内嵌钢筋同样能够影响木柱的横向变形，当木材横向应变接近 $1000\mu\varepsilon$ 时，TC-0-S 组试件的竖向荷载为 1028kN，TC-2-S 组试件为 1059kN，TC-3-S 组试件的数值为 1339kN，TC-4-S 组试件的数值为 1302kN。考虑离散性影响，随着内嵌钢筋数量的增加，木柱的横向变形刚度得到提升，表明内嵌钢筋能够限制木柱的横向变形。

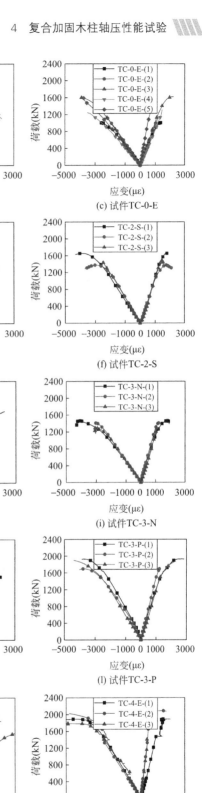

图 4-19 试件荷载-应变曲线（一）

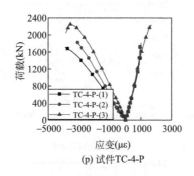

(p) 试件TC-4-P

图 4-19　试件荷载-应变曲线（二）

### 4.4.2　材料应变对比曲线

为探究试验中三种材料的协调变形状态，图 4-20 列出试验过程中的材料应变对比曲线。通过试验中采集得到的各材料应变数据，作者分别对比了木材、CFRP 布和钢筋的纵向应变以及木材与 CFRP 布的横向应变。试验每一种加固工况 3 个试件的应变对比曲线分布规律较为相近，因此在图 4-20 中列出每一组第 2 个试件的应变对比曲线。

由图 4-20 可知，钢筋应变与木材纵向应变曲线相近。同时，在相同荷载等级下，钢筋应变略大于木材应变，表明钢筋能够分担竖向荷载。钢筋与木材应变分布曲线具有相近的数值和相似的趋势，说明钢筋与木材变形协调。胶黏 CFRP 布与木材的纵向应变分布曲线相近，表明胶黏 CFRP 布与木材具有良好的黏结作用。而预应力 CFRP 布与木材相比，纵向应变存在一定差别，由于预应力 CFRP 布未做浸渍处理，且 CFRP 布纵向纤维束之间无连接作用，木材与 CFRP 布之间仅存在环向的摩擦作用，因此，预应力 CFRP 布与木柱沿受压方向不能协调变形。

胶黏 CFRP 布与木材横向应变曲线基本相近，表明二者具有良好的黏结性能，因而，胶黏 CFRP 布能够约束木材的横向变形，进而提升木柱的受压性能。由于应变测点布置数量有限，且木柱的主要变形不一定位于应变测点区域，因此，胶黏 CFRP 布的应力滞后现象不明显，但仍可能存在。预应力 CFRP 布具有 $1200\mu\varepsilon$ 的初始值，且曲线上升段斜率大于木材应变曲线的斜率，表明 CFRP 布的弹性模量大于木材的数值，因而能够有效约束木材的横向变形。虽然预应力 CFRP 布与木材横向应变曲线存在差别，但是 CFRP 布的主动约束作用能够有效抑制木柱的横向变形，进而使木柱从初始受荷便处于三向受压状态，大幅提升了木柱的承载力。当荷载达到峰值后，预应力 CFRP 布极易因失效而失去对木柱的约束作用，在较高荷载等级下，木柱迅速发生破坏，表现出明显的脆性。

为进一步量化分析试验中各材料间的应变差值，表 4-7～表 4-14 给出内嵌钢筋外黏 CFRP 布试件在不同荷载等级下各加固材料与木材的应变对比数据。表中各材料的应变数据为各组试件在相同荷载等级下的平均值，并采用变异系数 CoV 反映数据的离散程度，PD 表示加固材料应变与相应木材应变的差别。AT、AC 和 AS 分别表示木材、CFRP 布和钢筋的纵向应变，TT 和 TC 则分别表示木材和 CFRP 布的横向应变。考虑预应力 CFRP 布与木材的协同变形能力较差，因此表中仅给出胶黏 CFRP 布加固试件的材料应变对比数据。由木材与钢筋的纵向应变数据对比可知，在不同荷载等级下，二者的应变差值

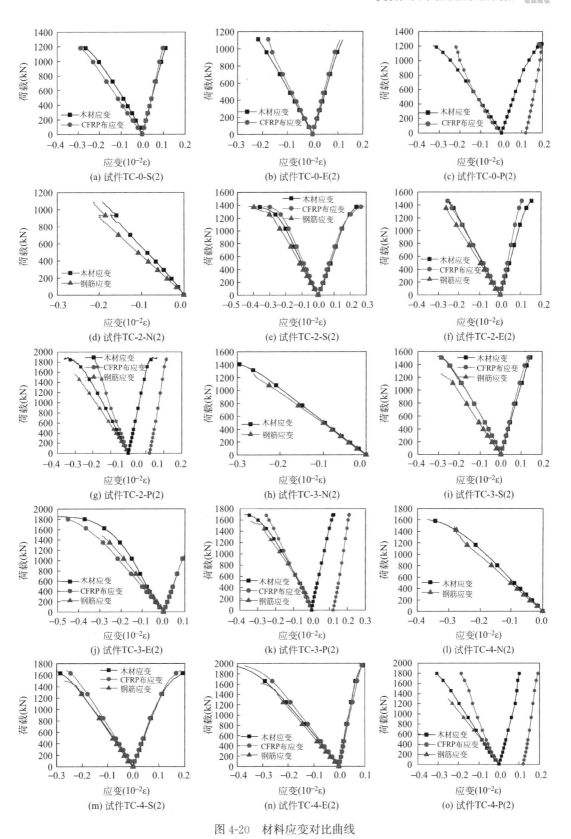

图 4-20　材料应变对比曲线

基本低于 20%，且大部分试件差值低于 15%，可知内嵌钢筋与木材应变协调，并具有可靠的黏结锚固性能，二者能够协同工作。木材与胶黏 CFRP 布的纵向应变差值在可接受范围内，二者的应变差值均低于 15%，且大部分试件低于 10%，证明木材与 CFRP 布之间具有良好的黏结性能。考虑到木柱较小的横向变形、应力滞后现象等因素，木材与 CFRP 布横向应变之间不可避免地存在一定的偏差。在不同荷载等级下，木材与 CFRP 布的横向应变对比结果表明，二者的差值基本低于 20%，且大部分试件材料应变间的差值在 15% 以下，表明木材与 CFRP 布之间具有良好的变形协调性能。

TC-0-S 组试件应变对比　　　　　　　　　　　　　　　　表 4-7

| 荷载等级 | AT ($\mu\varepsilon$) | CoV (%) | AC ($\mu\varepsilon$) | CoV (%) | PD (%) | TT ($\mu\varepsilon$) | CoV (%) | TC ($\mu\varepsilon$) | CoV (%) | PD (%) |
|---|---|---|---|---|---|---|---|---|---|---|
| $0.2P_u$ | −576 | −20.2 | −651 | −9.8 | 13.0 | 202 | 46.8 | 191 | 38.7 | −5.1 |
| $0.4P_u$ | −1129 | −17.5 | −1263 | −10.2 | 11.9 | 421 | 39.8 | 376 | 34.5 | −10.6 |
| $0.6P_u$ | −1703 | −18.2 | −1884 | −12.9 | 10.6 | 629 | 35.0 | 549 | 32.2 | −12.7 |
| $0.8P_u$ | −2320 | −18.4 | −2561 | −14.8 | 10.4 | 858 | 33.6 | 743 | 33.6 | −13.4 |

TC-0-E 组试件应变对比　　　　　　　　　　　　　　　　表 4-8

| 荷载等级 | AT ($\mu\varepsilon$) | CoV (%) | AC ($\mu\varepsilon$) | CoV (%) | PD (%) | TT ($\mu\varepsilon$) | CoV (%) | TC ($\mu\varepsilon$) | CoV (%) | PD (%) |
|---|---|---|---|---|---|---|---|---|---|---|
| $0.2P_u$ | −544 | −32.9 | −581 | −28.0 | 6.9 | 237 | 38.9 | 207 | 28.4 | −12.7 |
| $0.4P_u$ | −1100 | −30.4 | −1175 | −27.1 | 6.8 | 474 | 37.6 | 415 | 26.3 | −12.4 |
| $0.6P_u$ | −1700 | −30.4 | −1796 | −27.5 | 5.6 | 712 | 36.4 | 632 | 25.7 | −11.2 |
| $0.8P_u$ | −2390 | −32.1 | −2489 | −30.1 | 4.1 | 966 | 32.1 | 934 | 34.0 | −3.3 |

TC-2-S 组试件应变对比　　　　　　　　　　　　　　　　表 4-9

| 荷载等级 | AT ($\mu\varepsilon$) | CoV (%) | AC ($\mu\varepsilon$) | CoV (%) | PD (%) | AS ($\mu\varepsilon$) | CoV (%) | PD (%) | TT ($\mu\varepsilon$) | CoV (%) | TC ($\mu\varepsilon$) | CoV (%) | PD (%) |
|---|---|---|---|---|---|---|---|---|---|---|---|---|---|
| $0.2P_u$ | −562 | −11.6 | −574 | −11.7 | 2.1 | −631 | −6.4 | 12.2 | 387 | 17.0 | 290 | 31.1 | −25.0 |
| $0.4P_u$ | −1101 | −11.3 | −1103 | −14.7 | 0.2 | −1261 | −6.7 | 14.5 | 696 | 19.7 | 560 | 31.2 | −19.5 |
| $0.6P_u$ | −1636 | −11.1 | −1626 | −16.2 | −0.6 | −1895 | −7.0 | 15.8 | 1003 | 19.6 | 831 | 32.2 | −17.1 |
| $0.8P_u$ | −2216 | −11.0 | −2213 | −16.3 | −0.2 | −2556 | −6.2 | 15.3 | 1322 | 20.5 | 1133 | 35.4 | −14.3 |

TC-2-E 组试件应变对比　　　　　　　　　　　　　　　　表 4-10

| 荷载等级 | AT ($\mu\varepsilon$) | CoV (%) | AC ($\mu\varepsilon$) | CoV (%) | PD (%) | AS ($\mu\varepsilon$) | CoV (%) | PD (%) | TT ($\mu\varepsilon$) | CoV (%) | TC ($\mu\varepsilon$) | CoV (%) | PD (%) |
|---|---|---|---|---|---|---|---|---|---|---|---|---|---|
| $0.2P_u$ | −611 | −17.9 | −591 | −24.6 | −3.3 | −627 | −3.0 | 2.6 | 235 | 24.0 | 196 | 14.6 | −16.5 |
| $0.4P_u$ | −1204 | −30.1 | −1126 | −17.4 | −6.5 | −1226 | −6.0 | 1.8 | 473 | 21.4 | 392 | 11.1 | −17.1 |
| $0.6P_u$ | −1622 | −16.9 | −1655 | −13.1 | 2.0 | −1844 | −6.6 | 13.7 | 704 | 21.2 | 580 | 10.1 | −17.6 |
| $0.8P_u$ | −2404 | −15.9 | −2220 | −11.4 | −7.7 | −2459 | −5.5 | 2.3 | 934 | 22.4 | 772 | 10.2 | −17.3 |

TC-3-S 组试件应变对比 表 4-11

| 荷载等级 | AT ($\mu\varepsilon$) | CoV (%) | AC ($\mu\varepsilon$) | CoV (%) | PD (%) | AS ($\mu\varepsilon$) | CoV (%) | PD (%) | TT ($\mu\varepsilon$) | CoV (%) | TC ($\mu\varepsilon$) | CoV (%) | PD (%) |
|---|---|---|---|---|---|---|---|---|---|---|---|---|---|
| $0.2P_u$ | −501 | −10.9 | −479 | −10.1 | −4.4 | −581 | −33.9 | 16.0 | 242 | 24.8 | 229 | 15.4 | −5.4 |
| $0.4P_u$ | −1031 | −6.3 | −1031 | −6.0 | 0.0 | −1216 | −21.3 | 17.9 | 491 | 22.7 | 460 | 14.4 | −6.3 |
| $0.6P_u$ | −1536 | −7.9 | −1586 | −4.6 | 3.3 | −1866 | −15.8 | 21.5 | 711 | 26.2 | 691 | 12.8 | −2.8 |
| $0.8P_u$ | −2133 | −8.7 | −2198 | −4.2 | 3.0 | −2538 | −10.0 | 19.0 | 956 | 25.7 | 936 | 11.9 | −2.1 |

TC-3-E 组试件应变对比 表 4-12

| 荷载等级 | AT ($\mu\varepsilon$) | CoV (%) | AC ($\mu\varepsilon$) | CoV (%) | PD (%) | AS ($\mu\varepsilon$) | CoV (%) | PD (%) | TT ($\mu\varepsilon$) | CoV (%) | TC ($\mu\varepsilon$) | CoV (%) | PD (%) |
|---|---|---|---|---|---|---|---|---|---|---|---|---|---|
| $0.2P_u$ | −653 | −31.8 | −599 | −22.0 | −8.3 | −640 | −2.6 | −2.0 | 267 | 25.1 | 271 | 23.7 | 1.5 |
| $0.4P_u$ | −1235 | −27.9 | −1209 | −23.0 | −2.1 | −1265 | −2.7 | 2.4 | 524 | 22.4 | 531 | 23.1 | 1.3 |
| $0.6P_u$ | −1589 | −7.2 | −1801 | −21.1 | 13.3 | −1893 | −2.0 | 19.1 | 794 | 21.8 | 802 | 22.7 | 1.0 |
| $0.8P_u$ | −2252 | −7.5 | −2527 | −25.7 | 12.2 | −2520 | −8.2 | 11.9 | 1014 | 26.7 | 1039 | 27.7 | 2.5 |

TC-4-S 组试件应变对比 表 4-13

| 荷载等级 | AT ($\mu\varepsilon$) | CoV (%) | AC ($\mu\varepsilon$) | CoV (%) | PD (%) | AS ($\mu\varepsilon$) | CoV (%) | PD (%) | TT ($\mu\varepsilon$) | CoV (%) | TC ($\mu\varepsilon$) | CoV (%) | PD (%) |
|---|---|---|---|---|---|---|---|---|---|---|---|---|---|
| $0.2P_u$ | −601 | −13.5 | −534 | −11.5 | −11.1 | −656 | −19.6 | 9.2 | 312 | 20.8 | 270 | 17.9 | −13.5 |
| $0.4P_u$ | −1205 | −11.5 | −1065 | −9.0 | −11.6 | −1293 | −19.6 | 7.3 | 622 | 19.3 | 556 | 16.4 | −10.6 |
| $0.6P_u$ | −1816 | −10.6 | −1598 | −9.2 | −12.0 | −1948 | −19.7 | 7.3 | 937 | 15.3 | 867 | 14.6 | −7.5 |
| $0.8P_u$ | −2389 | −10.9 | −2187 | −14.4 | −8.5 | −2301 | −8.5 | −3.7 | 1325 | 16.5 | 1254 | 17.9 | −5.4 |

TC-4-E 组试件应变对比 表 4-14

| 荷载等级 | AT ($\mu\varepsilon$) | CoV (%) | AC ($\mu\varepsilon$) | CoV (%) | PD (%) | AS ($\mu\varepsilon$) | CoV (%) | PD (%) | TT ($\mu\varepsilon$) | CoV (%) | TC ($\mu\varepsilon$) | CoV (%) | PD (%) |
|---|---|---|---|---|---|---|---|---|---|---|---|---|---|
| $0.2P_u$ | −648 | −2.8 | −603 | −13.4 | −6.9 | −740 | −2.4 | 14.2 | 197 | 49.9 | 205 | 25.6 | 4.1 |
| $0.4P_u$ | −1311 | −4.3 | −1253 | −13.3 | −4.4 | −1471 | −0.6 | 12.2 | 378 | 46.8 | 411 | 25.0 | 8.7 |
| $0.6P_u$ | −2158 | −11.1 | −1911 | −13.0 | −11.4 | −2214 | −1.3 | 2.6 | 569 | 41.8 | 628 | 22.9 | 10.4 |
| $0.8P_u$ | −2830 | −3.7 | −2639 | −16.5 | −6.7 | −3032 | −5.3 | 7.1 | 803 | 60.0 | 836 | 25.1 | 4.1 |

# 5　复合加固木柱轴压承载力计算及应力-应变模型

## 5.1　引言

　　采用 FRP 布加固混凝土柱受压相关理论研究开展充分，部分研究涉及 FRP 布加固木柱受压承载力计算。而有关复合加固方法的研究开展得较晚，目前鲜有相关理论。复合加固木柱轴压承载力计算方法能够指导加固方法的设计应用，在实际加固工程中，基于承载力计算方法，可以得到经济有效的加固方案。复合加固木柱轴心受压应力-应变模型可以直观反映木柱的受压性能，便于阐释加固机理，也是有限元模型必不可少的本构关系。因此，有必要开展复合加固木柱受压性能理论研究，不但可以从力学机理阐释复合加固方法的加固效果，而且能够为工程设计和数值模拟提供重要的参考和帮助。

　　本章的理论分析建立在第 4 章试验研究的基础上。首先，借鉴 FRP 约束混凝土抗压强度计算理论，对试验数据进行拟合分析，提出 CFRP 布约束木柱顺纹抗压强度计算模型，进而得到复合加固木柱受压承载力的计算方法。其次，基于 FRP 约束混凝土柱理论模型，分别建立三折线和多项式型复合加固木柱受压应力-应变关系。最后，简要介绍复合加固方形木柱轴压试验研究，分析试验结果，并对比讨论不同截面形状复合加固木柱的受压性能。并且，根据试验数据建立考虑不同截面形状复合加固木柱的受压承载力计算公式，并验证其可靠性。

## 5.2　复合加固圆形木柱轴压承载力计算

### 5.2.1　既有 FRP 约束抗压强度模型

　　目前有较多 FRP 约束材料抗压强度模型，尤其以 FRP 约束混凝土的相关计算模型居多。既有的多数 FRP 约束混凝土理论模型均由 Richart 等提出的经典计算模型发展和演化得到，通过油压对混凝土施加侧向约束力，Richart 完成了混凝土的三向受压试验，并依据试验结果的回归分析得到式（5-1）所示的约束混凝土强度计算模型。式中，$f_{cc}$ 为约束混凝土的抗压强度；$f_{co}$ 为未约束混凝土的抗压强度；4.1 为试验回归所得约束系数；$f_1$ 为水平约束应力。同时，考虑到诸多因素均会影响约束系数的取值，可得式（5-2）所示一般情形下的约束混凝土抗压强度模型，其中 $k$ 为有效约束系数。

$$f_{cc} = f_{co} + 4.1f_l \tag{5-1}$$

$$f_{cc} = f_{co} + kf_l \tag{5-2}$$

Newman 提出了更加精细化的约束混凝土抗压强度模型，具体计算见式（5-3）。由该式可知，约束系数 $k$ 不是固定数值，而是与约束应力和未约束混凝土抗压强度相关的函数，且随着对混凝土不同的约束条件，函数系数发生改变。式（5-3）中各参数的含义与上述 Richart 模型相同，式（5-4）为 Newman 模型的更一般形式，其中 $\alpha$ 和 $\beta$ 为计算系数。

$$\frac{f_{cc}}{f_{co}} = 1 + 3.7\left(\frac{f_l}{f_{co}}\right)^{0.86} \tag{5-3}$$

$$\frac{f_{cc}}{f_{co}} = 1 + \alpha\left(\frac{f_l}{f_{co}}\right)^{\beta} \tag{5-4}$$

Mander 提出在箍筋约束作用下，混凝土在单轴受压作用下的应力-应变模型。式（5-5）为经典的 Mander 约束混凝土抗压强度计算模型，可知箍筋约束混凝土抗压强度同样与未约束混凝土强度和水平约束应力相关，只是较 Richart 和 Newman 模型更为复杂。Mander 建议的约束混凝土应力-应变模型仅有三个控制变量（$f_{cc}$、$\varepsilon_{cc}$ 和 $E_c$），且可以通过改变控制变量来得到箍筋约束混凝土在循环荷载或动力荷载作用下的应力-应变模型。一种能量平衡方法可以用于阐释箍筋约束混凝土的工作原理，即当箍筋的横向变形超过其应变能便会发生断裂，此时可认为截面达到极限状态。Mander 模型能够有效地反映箍筋对核心混凝土的约束作用，因此该模型广泛应用于理论计算和数值分析。

$$f_{cc} = f_{co}\left(-1.254 + 2.254\sqrt{1 + \frac{7.94f_l}{f_{co}}} - 2\frac{f_l}{f_{co}}\right) \tag{5-5}$$

式中　$f_{cc}$——箍筋约束混凝土抗压强度（MPa）；

$f_{co}$——未约束混凝土抗压强度（MPa）；

$f_l$——约束应力（MPa）。

Fardis 和 Khalili 较早地提出 FRP 约束混凝土的应力-应变本构关系，其中在约束混凝土强度计算中采用 Richart 模型和 Newman 模型。Lin 和 Chen、Lam 和 Teng、Shehata 等均基于 Richart 模型提出了 FRP 约束混凝土抗压强度计算公式，并通过试验研究和理论分析指出有效约束系数 $k$ 的取值为 2。除此之外，Shehata 在后续的优化模型中将 $k$ 值确定为 2.4；Wu 等基于 AFRP 约束混凝土试验提出的 $k$ 值为 3.2；Benzaid 等所确定 $k$ 的数值为 2.2。由此可知，混凝土的强度等级、试件的尺寸效应、截面形状以及 FRP 布的种类、数量和布置形式等诸多因素均会影响有效约束系数 $k$ 的取值。

Karbhari 和 Gao、Saafi 等、Toutanji、Ilki 等、Matthys 等、Youssef 等、Wu 和 Wang 等众多学者提出的 FRP 约束混凝土抗压强度计算公式均采用 Newman 模型的形式，仅计算式中的系数有所差别。Newman 模型因其相对简单的形式和精确的计算效果得到同行学者的青睐。Saadatmanesh 采用 Mander 模型计算约束混凝土抗压强度，Tabbara 和 karam、Yan 和 Pantelides、Wu 和 Zhou 等学者在计算 FRP 约束混凝土抗压强度时均采用了 Mander 模型。此外，在一些面向分析的 FRP 约束混凝土应力-应变模型中，Mander 模型也用于计算峰值应力。

考虑到目前有关 FRP 约束木材的抗压强度计算理论较少，同时 Richart 模型和 Newman 模型形式简单、便于计算分析，属于面向设计的计算模型。而 Mander 模型相对较为复杂，属于面向分析的计算模型。因此，本书基于 Richart 模型和 Newman 模型建立 CFRP 布约束木柱顺纹抗压强度计算公式。

### 5.2.2 CFRP 布约束木柱顺纹抗压强度

借鉴经典的 FRP 约束混凝土柱抗压强度计算模型，本书建立的 CFRP 布约束木柱顺纹抗压强度计算模型如式（5-6）所示。符号 $f_{cc}$ 和 $f_{co}$ 分别代表 CFRP 布约束木柱与未约束木柱的抗压强度，与上文 FRP 约束混凝土柱和未约束混凝土柱使用的强度符号相同，但考虑到符号所代表的含义相近，且本书主要讨论 CFRP 布约束木柱的强度计算模型，故在符号表述中未与上文作出区分。

$$\frac{f_{cc}}{f_{co}} = 1 + k\frac{f_1}{f_{co}} \tag{5-6}$$

式中    $f_{cc}$——CFRP 布约束木柱顺纹抗压强度（MPa）；

       $f_{co}$——未约束木柱抗压强度（MPa）；

       $k$——CFRP 布的有效约束系数；

       $f_1$——CFRP 布的水平约束应力（MPa）。

CFRP 布对木柱的约束作用如图 5-1 所示，约束应力施加于木柱表面，对 CFRP 布建立力的平衡方程，可得 CFRP 拉应力与其对木柱约束应力的关系式（5-7），式（5-8）为式（5-7）的积分计算结果。式（5-9）为 CFRP 布侧向约束应力计算式。

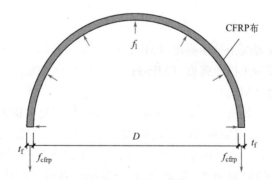

图 5-1   CFRP 布约束作用示意图

$$2f_{cfrp}t_fb_f = -\int_0^\pi \frac{D}{2}(S_{cj} + b_f)f_1\sin\theta\,\mathrm{d}\theta \tag{5-7}$$

$$2f_{cfrp}t_fb_f = f_1(S_{cj} + b_f)D \tag{5-8}$$

$$f_1 = \frac{2f_{cfrp}t_fb_f}{(S_{cj} + b_f)D} \tag{5-9}$$

式中    $f_{cfrp}$——CFRP 布的张拉应力；

     $t_f$、$b_f$——CFRP 布的厚度和宽度（mm）；

       $f_1$——CFRP 布施加于木柱的约束应力（MPa）；

       $D$——木柱的直径（mm）；

      $S_{cj}$——CFRP 布的黏贴间距（mm）。

Mander 提出箍筋约束混凝土存在无效约束区，无效约束区形状为混凝土柱纵截面中与相邻环向箍筋呈 45°的二次抛物线。假定 CFRP 布对木柱具有相似的约束模式，即 CFRP 布的黏结间隔区域存在有效约束区和无效约束区。图 5-2 显示了 CFRP 布的约束模式，相邻 CFRP 布黏贴间隔区域存在无效约束区，该区域满足拱作用模式。拱曲线为二次抛物线，且曲线初始点切线与 CFRP 布水平边沿呈 45°夹角。在 CFRP 布的黏贴位置，其对木柱的约束作用最强；而在 CFRP 布的间隔区域拱作用曲线顶点位置，由于有效约束区面积最小，木柱截面受到的约束作用较为薄弱。取过拱曲线顶点截面为控制截面，则 CFRP 布的有效约束区面积可按照式（5-10）计算。

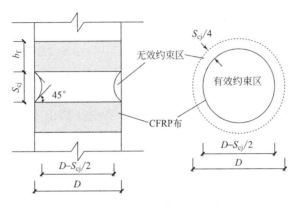

图 5-2  CFRP 布约束模式示意图

$$A_{cj} = \frac{\pi D^2}{4} \left(1 - \frac{S_{cj}}{2D}\right)^2 \tag{5-10}$$

式中  $A_{cj}$——CFRP 布有效约束区面积（mm²）；

$D$——木柱直径（mm）；

$S_{cj}$——CFRP 布黏贴间距（mm）。

基于 CFRP 布有效约束区面积，引入有效截面系数 $k_s$ 来考虑 CFRP 布的黏贴间隔对其约束作用的削弱，具体定义式为

$$k_s = \frac{A_{cj}}{A_t} = \frac{\pi D^2}{4} \left(1 - \frac{S_{cj}}{2D}\right)^2 \bigg/ \frac{\pi D^2}{4} = \left(1 - \frac{S_{cj}}{2D}\right)^2 \tag{5-11}$$

式中  $A_t$——木柱的截面面积（mm²）。

在 FRP 约束混凝土柱受压性能研究中，当加固试件达到荷载峰值时，FRP 布的测量应变并未达到其极限拉伸应变。由此可知，混凝土柱在 FRP 布的约束作用下达到其受压峰值时，FRP 布所受拉应变与其极限拉应变存在差异。因此，有学者引入有效应变系数 $k_\varepsilon$ 来考虑 FRP 布实际的应变发展状态。Lam 和 Teng 的试验研究确定上述系数取值为 0.586，AFRP 布的有效应变系数为 0.851；而对于 GFRP 布，该系数则为 0.624。Xiao 和 Wu 通过试验探究得出结论，针对 CFRP 和 GFRP 布，上述有效应变系数的取值在 0.5～ 0.8 的范围内。Matthys 建议将 CFRP 布和 GFRP 布的 $k_\varepsilon$ 值取为 0.6。通过试验测量，Benzaid 和 Mohamed 分别给出 $k_\varepsilon$ 的值为 0.73 和 0.55。除此之外，仍有众多学者对 FRP 布有效应变系数 $k_\varepsilon$ 的取值进行试验探究和理论分析，由于试验变量因素较多，建议的系数取值有所差别，但多数结果均处在 0.5～0.8 的范围内。

目前较缺乏对 FRP 约束木柱系数 $k_e$ 取值的研究。有研究表明，当采用 CFRP 布加固木柱时，CFRP 布在试件达到极限抗压强度时的拉应变远小于其极限应变，且仅为 CFRP 布极限拉应变的 10% 左右。由于木柱的横向膨胀较小，木材存在初始缺陷，导致 FRP 布局部应力集中，应变测点布置数量有限，FRP 布的施工质量以及实际的受力状态有别于材性试验等，均会导致 FRP 拉伸应变的发展受限。考虑到目前对 CFRP 布约束木柱有效应变系数 $k_e$ 的相关研究较少，取第 4 章试验中各组试件峰值荷载时 CFRP 布应变量测结果的平均值，确定有效应变系数 $k_e$ 的取值范围为 $0.12 \sim 0.27$。

基于约束应力计算式（5-9）以及 CFRP 布有效截面系数 $k_s$ 和有效应变系数 $k_e$，可进一步确定 CFRP 布施加于木柱的有效约束应力，具体计算表达式为

$$f_1 = k_s \frac{2 f_{cfrp} t_f b_f}{(b_f + S_{cj}) D} = k_s k_e \frac{2 E_{cfrp} \varepsilon_{cfrp} t_f b_f}{(b_f + S_{cj}) D} \tag{5-12}$$

式中　$E_{cfrp}$——CFRP 布的张拉弹性模量（MPa）

　　　$\varepsilon_{cfrp}$——极限应变。

基于 CFRP 布约束应力计算式，结合式（5-6）所述 CFRP 布约束木柱强度计算模型，并考虑 Richart 模型和 Newman 模型，本章给出以下两种 CFRP 布约束木柱顺纹抗压强度计算模型的系数拟合方法。

方法一：根据试验结果，可以得到 CFRP 布加固木柱和对比试件的顺纹抗压强度 $f_{cc}$ 和 $f_{co}$，并可基于 Richart 模型直接对有效约束系数 $k$ 进行拟合计算，具体计算方法如式（5-13）所示。将计算结果 $k$ 代入式（5-6），便可到得 CFRP 布约束木柱顺纹抗压强度计算模型。

$$k = \frac{(f_{cc} - f_{co})}{f_1} \tag{5-13}$$

方法二：基于 Newman 模型，有效约束系数 $k$ 是 CFRP 布水平约束应力与未加固试件抗压强度比值 $f_1 / f_{co}$ 的函数。因此，直接对式（5-4）中的参数 $\alpha$ 和 $\beta$ 进行拟合，以 $f_1 / f_{co}$ 为自变量，以 $(f_{cc} / f_{co} - 1)$ 为因变量，具体计算可参照式（5-14），进而得到 CFRP 布约束木柱的顺纹抗压强度计算公式。

$$\left( \frac{f_{cc}}{f_{co}} - 1 \right) = \alpha \left( \frac{f_1}{f_{co}} \right)^{\beta} \tag{5-14}$$

本书采用上述两种方法对试验数据进行拟合计算，图 5-3（a）为基于式（5-13）所得约束系数 $k$ 的直接拟合结果；图 5-3（b）则表述了对式（5-4）中系数 $\alpha$ 和 $\beta$ 的直接拟合结果。并根据上述分析结果给出了式（5-15）、式（5-16）所示的两个 CFRP 布约束木柱顺纹抗压强度计算模型。

$$f_{cc} = f_{co} + 7.88 f_1 \tag{5-15}$$

$$f_{cc} = f_{co} \left[ 1 + 0.51 \left( \frac{f_1}{f_{co}} \right)^{0.243} \right] \tag{5-16}$$

### 5.2.3　复合加固木柱轴压承载力

有研究在计算复合加固木柱轴压承载力时，将 CFRP 布约束木柱承载力与钢筋的承压作用线性叠加，而不考虑钢筋与 CFRP 布之间的相互促进作用。由试验研究可知，内嵌钢

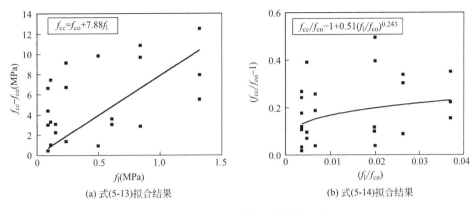

(a) 式(5-13)拟合结果        (b) 式(5-14)拟合结果

图 5-3 CFRP 布约束系数拟合结果

筋与 CFRP 布能够相互促进，提升木柱的顺纹受压承载力。因此，类比 FRP 布加固钢筋混凝土柱理论，计算中将仅嵌筋木柱视作未加固试件，进而可将复合加固木柱受压承载力的计算转换为 CFRP 布对仅嵌筋木柱约束效应的分析，可得式（5-17）所示的复合加固木柱轴心受压承载力计算公式。式中，$f_{cc}$ 为加固木柱的轴心抗压强度，$A_t$ 为木柱的截面面积，由于研究中各加固材料与木材协调变形、共同工作，故木柱的截面即计算截面。

$$N_u = f_{cc} A_t \tag{5-17}$$

将式（5-15）和式（5-16）代入式（5-17），便可得到复合加固木柱承载力计算公式，为对比基于 Richart 模型和 Newman 模型所得木柱承载力公式的计算效果，将上述两个公式计算所得的木柱承载力与试验结果进行对比。图 5-4 展示了加固木柱承载力计算值与试验结果比值的分布，图中横坐标表示列入对比计算的 27 根复合加固试件。可知，式（5-15）和式（5-16）的计算结果相近，但式（5-15）所计算的部分结果与试验值偏差较大，且数据点分布得更为离散。而式（5-16）的大部分计算结果则位于 ±10% 的误差范围内，计算结果更接近试验数值。因此，可确定内嵌钢筋外黏 CFRP 布复合加固木柱的轴心受压承载力计算公式，即式（5-18）。

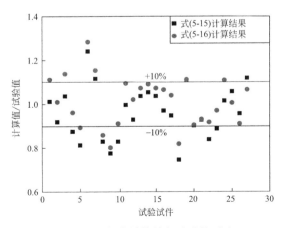

图 5-4 承载力计算值与试验值对比

$$N_{\mathrm{u}} = f_{\mathrm{co}} \left[ 1 + 0.51 \left( \frac{f_{\mathrm{l}}}{f_{\mathrm{co}}} \right)^{0.243} \right] A_{\mathrm{t}} \tag{5-18}$$

为验证复合加固木柱承载力计算公式（5-18）的可靠性，改变木柱内嵌钢筋直径，并进行了补充试验。如表5-1所示，补充试验共有四组12根加固木柱，其中一组为仅嵌筋试件，另外三组为复合加固试件。试件尺寸与第4章的试验木柱一致。复合加固木柱均采用 CFRP 布的间隔黏贴形式，纤维布宽度为 150mm，厚度为 0.167mm。内嵌钢筋直径为 20mm，三组试件分别内嵌有 2、3 和 4 根钢筋。试验装置、加载制度和数据量测等试验概况与第4章的试验内容一致。表 5-2 对比了承载力理论值与补充试验结果。

由于试件数量有限，并未完成仅内嵌 3 根和 4 根钢筋加固木柱的受压性能试验。因此，在采用式（5-18）对 TA-3-S 和 TA-4-S 组试件承载力进行计算时，该两组试件的 $f_{\mathrm{co}}$ 通过 TA-2-N 组试件的试验荷载线性叠加相应的钢筋承载力来确定。此外，CFRP 布的有效应变系数取第4章研究中相应木柱加固工况的试验量测数值。上述近似处理会造成理论值的偏差，但计算结果仍具有一定的参考价值。由表 5-2 中理论计算值与补充试验结果的对比可知，前 6 个试件的计算误差均在 6% 以下，所提出的承载力理论计算公式具有较好的预测效果。试件 TA-4-S-(2) 和 TA-4-S-(3) 的计算误差达到 20%，推断木材材料的离散性影响了木柱的承载力。木材是一种生物质的建筑材料，其材料离散特性明显，因此不可避免会对理论计算产生干扰。

补充试验分组　　　　　　　　　　　　　　　　表 5-1

| 试件编号 | 钢筋直径(mm) | 钢筋数量(根) | CFRP 布布置形式 | 试件数量(个) |
|---|---|---|---|---|
| TA-2-N | 20 | 2 | 未布置 | 3 |
| TA-2-S | 20 | 2 | 间隔黏贴 | 3 |
| TA-3-S | 20 | 3 | 间隔黏贴 | 3 |
| TA-4-S | 20 | 4 | 间隔黏贴 | 3 |

承载力理论值与补充试验结果对比　　　　　　　　　　表 5-2

| 试件编号 | 钢筋数量(根) | 试验值(kN) | 式(5-18)计算值(kN) | 计算值/试验值 | 误差(%) |
|---|---|---|---|---|---|
| TA-2-S-(1) | 2 | 1975.47 | 1888.30 | 0.96 | −4.4 |
| TA-2-S-(2) | 2 | 1996.07 | 1888.30 | 0.95 | −5.4 |
| TA-2-S-(3) | 2 | 1787.26 | 1888.30 | 1.06 | 5.6 |
| TA-3-S-(1) | 3 | 2025.29 | 2054.21 | 1.01 | 1.4 |
| TA-3-S-(2) | 3 | 1969.52 | 2054.21 | 1.04 | 4.3 |
| TA-3-S-(3) | 3 | 2017.97 | 2054.21 | 1.02 | 1.8 |
| TA-4-S-(1) | 4 | 2016.60 | 2232.18 | 1.11 | 10.7 |
| TA-4-S-(2) | 4 | 1843.03 | 2232.18 | 1.21 | 21.1 |
| TA-4-S-(3) | 4 | 1832.96 | 2232.18 | 1.21 | 21.8 |

为进一步验证复合加固木柱轴压承载力计算公式的可靠性，本书采用提出的承载力公式计算既有文献中 CFRP 布加固木柱的受压承载力，并与相应试验结果进行对比。虽然目前有关 FRP 布约束木柱的相关试验与理论研究较多，但是考虑到所提出的承载力计算公

式建立在单层 CFRP 布约束圆形短木柱的基础上，由于 FRP 布的黏贴层数、形式和种类以及木柱的高度和截面形状均会影响其受压性能，因此本书仅选取加固工况相近的试验研究进行承载力模型验证。考虑到国内外有关复合加固木柱的研究较少，因此本节计算并对比的试件均仅采用 CFRP 布进行加固。本书提出的承载力计算模型主要考虑 CFRP 布对仅嵌筋木柱的约束效应，因而本节理论计算与试验结果的对比具有一定的参考价值。图 5-5 所示为承载力理论计算值与既有文献中试验结果的对比。可知，针对不同的研究，理论计算与试验值相近，表明承载力计算公式具有良好的预测效果。大部分计算值与试验结果的误差均在 10% 以内，多数试件的计算误差保持在 5% 左右。由图 5-5 可知，张天宇试验中 Z10-2 试件的计算值与试验结果偏差较大，由于张天宇试验中试件的截面尺寸较小，木柱直径仅为 117mm，试件的尺寸效应可能导致上述计算误差。式（5-18）能够有效地预测复合加固木柱的轴心受压承载力，进而可以为复合加固方法的实际工程应用提供依据和指导。

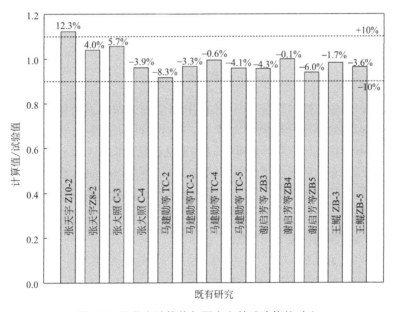

图 5-5　承载力计算值与既有文献试验值的对比

## 5.3　复合加固圆形木柱轴压应力-应变模型

### 5.3.1　三折线模型

基于试验研究中加固木柱的荷载-位移曲线和荷载-轴向应变曲线，可推测复合加固木柱的轴压应力-应变曲线基本符合图 5-6 所示的三折线模型分布特征。三折线模型形式简单，便于面向设计的分析计算和有限元模拟，因而该模型在 FRP 约束混凝土应力-应变分析中应用广泛，通过三个特征点 A、B 和 C 便可确定曲线的分布。针对复合加固木柱，A

点的纵横坐标为仅嵌筋木柱受压峰值应力和相应的受压应变；特征点 $B$ 为复合加固木柱抗压强度峰值和相应的峰值应变，该点为曲线上升段与软化段的拐点；特征点 $C$ 为曲线终点，定义 $C$ 点的纵坐标为峰值应力 $f_{cc}$ 的 85%。需要分别确定图 5-6 中三段直线的解析式。

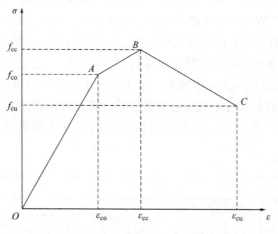

图 5-6 三折线应力-应变模型

在试验初期，木柱的横向膨胀较小，CFRP 布的约束作用不明显，因而初始曲线斜率应为仅嵌筋加固木柱的受压弹性模量。但是，通过试件的荷载-应变曲线分布可知，初始加载阶段 CFRP 布存在拉伸应变，因此 CFRP 布从起始加载便对木柱提供约束作用。为充分反映木柱在 CFRP 布约束效应下的工作状态，本节采用 Mander 建议的受横向约束试件初始受压弹性模量与其抗压强度的计算关系来计算 $OA$ 段曲线的斜率。具体计算式为：

$$E_c = \lambda \sqrt{f_c'} \tag{5-19}$$

式中 $E_c$——初始受压弹性模量（MPa）；

$\lambda$——斜率相关系数；

$f_c'$——约束试件的峰值应力（MPa）。

基于曲线初始受压弹性模量与加固试件峰值应力的关系式（5-19），可对试验数据进行拟合，进而确定斜率相关系数 $\lambda$。图 5-7 为对斜率相关系数的拟合结果，其中以试验曲线上升段斜率为因变量，以各试件的峰值应力为自变量。可得复合加固木柱三折线型应力-应变模型第一段曲线 $OA$ 段的斜率表达式：

$$E_0 = 0.00122\sqrt{f_{cc}} \tag{5-20}$$

确定曲线 $OA$ 段的斜率后，可得该段曲线的应力-应变关系为

$$\sigma = E_0 \varepsilon \quad (0 < \sigma \leqslant f_{co}) \tag{5-21}$$

图 5-6 中的曲线 $AB$ 段表现为 CFRP 布对仅嵌筋试件的有效约束作用，曲线 $AB$ 段方程通过特征点 $A$ 和 $B$ 的坐标确定。$A$ 点的纵坐标为仅内嵌钢筋木柱的抗压承载力，其横坐标通过式

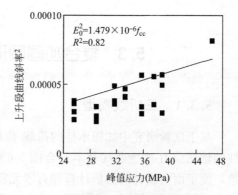

图 5-7 斜率相关系数 $\lambda$ 拟合结果

（5-21）确定。特征点 $B$ 为复合加固木柱应力-应变曲线的峰值点，其纵坐标为试件的峰值抗压强度。在既有 FRP 约束混凝土应力-应变模型中，Richart 强度模型因其简洁的表达形式而应用频率较高，因此本节同样采用 Richart 模型，并以式（5-15）作为峰值应力的计算公式。

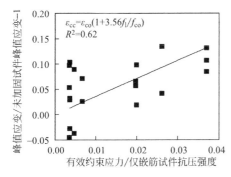

图 5-8 应变有效约束系数 $\gamma$ 拟合结果

有学者提出，与约束作用下峰值应力的计算相似，试件峰值应变 $\varepsilon_{cc}$ 和未加固试件峰值应变 $\varepsilon_{co}$ 的比值 $\varepsilon_{cc}/\varepsilon_{co}$ 与 CFRP 布有效约束应力 $f_1$ 存在一定的比例关系，如式（5-22）所示。对试验数据进行拟合，式中的 $\gamma$ 为应变有效约束系数。以 $f_1/f_{co}$ 为自变量，以 $(\varepsilon_{cc}/\varepsilon_{co}-1)$ 为因变量，拟合得到应变有效约束系数 $\gamma$ 的数值为 3.56。具体拟合见图 5-8，式（5-23）为复合加固木柱峰值应变计算公式。

$$\frac{\varepsilon_{cc}}{\varepsilon_{co}}=1+\gamma\frac{f_1}{f_{co}} \tag{5-22}$$

$$\frac{\varepsilon_{cc}}{\varepsilon_{co}}=1+3.56\frac{f_1}{f_{co}} \tag{5-23}$$

通过上述计算可确定特征点 $A$ 和 $B$ 的坐标，进而确定图 5-6 中线段 $AB$ 的曲线方程，如式（5-24）和式（5-25）所示，亦为三折线模型第二段解析式。

$$E_1=\frac{f_{cc}-f_{co}}{\varepsilon_{cc}-f_{co}/E_0} \tag{5-24}$$

式中 $E_1$——曲线 $AB$ 段的斜率（MPa）。

$$\sigma=f_{cc}-E_1(\varepsilon_{cc}-\varepsilon)(f_{co}<\sigma\leqslant f_{cc}) \tag{5-25}$$

由于局部应力集中以及单层 CFRP 布的约束作用有限，复合加固木柱应力-应变曲线过峰值后进入曲线软化段。由于初始缺陷导致的木柱破坏区域和程度不同，试验下降段曲线分布的离散性显著。因而，在确定加固木柱应力-应变曲线下降段时，取应力数值为 $0.85f_{cc}$ 的点作为曲线终点。假定曲线软化段斜率与 CFRP 布有效约束应力和未加固试件抗压强度的比值 $f_1/f_{co}$ 存在比例关系，其具体的计算表达式如下：

$$E_2=E_{2co}\left(1+\eta\frac{f_1}{f_{co}}\right) \tag{5-26}$$

式中 $E_2$——曲线软化段斜率（MPa）；
$\quad E_{2co}$——仅嵌筋加固木柱软化段斜率（MPa）；
$\quad \eta$——软化段斜率相关系数。

基于试验数据以及式（5-26），可对复合加固木柱软化段斜率 $E_2$ 进行拟合，具体拟合结果见图 5-9，式（5-27）为软化段斜率表达式。由于木材破坏的不确定性，试验数据的离散性突出，因而软化段斜率相关系数 $\eta$ 的拟合决定

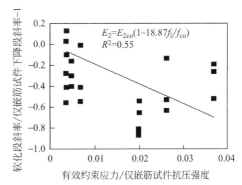

图 5-9 软化段斜率相关系数 $\eta$ 拟合结果

系数 $R^2$ 较小，但拟合结果在一定程度上仍可以反映软化段曲线的分布规律。通过峰值点 $B$ 的纵坐标、横坐标以及软化段斜率，可确定应力-应变关系第三段曲线的方程式（5-28）。

$$E_2 = E_{2co}\left(1 - 18.87\frac{f_1}{f_{co}}\right) \tag{5-27}$$

$$\sigma = f_{cc} - E_2(\varepsilon - \varepsilon_{cc})(\varepsilon_{cc} \leqslant \varepsilon < \varepsilon_{cu}) \tag{5-28}$$

综合上述应力-应变曲线各分段表达式（5-21）、式（5-25）和式（5-28），可得到复合加固木柱轴心受压三折线型应力-应变模型，具体表达式如式（5-29）所示。

$$\sigma = \begin{cases} E_0\varepsilon & (0 < \sigma \leqslant f_{co}) \\ f_{cc} - E_1(\varepsilon_{cc} - \varepsilon) & (f_{co} < \sigma \leqslant f_{cc}) \\ f_{cc} - E_2(\varepsilon - \varepsilon_{cc}) & (\varepsilon_{cc} \leqslant \varepsilon < \varepsilon_{cu}) \end{cases} \tag{5-29}$$

### 5.3.2 多项式模型

考虑到三折线模型曲线存在拐点，与实际木柱的应力-应变曲线有一定的形状差异。因此，根据 Youssef 基于 FRP 约束混凝土柱建立的应力-应变模型，可将三折线模型中的上升段替换为一条多项式曲线，进而得到多项式型的复合加固木柱应力-应变关系模型。假定加固木柱应力-应变模型上升段（$0 < \varepsilon < \varepsilon_{cc}$）的曲线方程表达式为多项式，如式（5-30）所示。

$$f = C_1\varepsilon^n + C_2\varepsilon + C_3 \tag{5-30}$$

式中　$C_1$、$C_2$、$C_3$、$n$——多项式待定系数。

以应力-应变上升段曲线初始加载点和峰值点的数值信息作为边界条件，可对式（5-30）中的系数进行求解。具体的边界条件为

$$\left.\begin{array}{l} f = 0，当 \varepsilon = 0 \\ \mathrm{d}f/\mathrm{d}\varepsilon = E_0，当 \varepsilon = 0 \\ \mathrm{d}f/\mathrm{d}\varepsilon = 0，当 \varepsilon = \varepsilon_{cc} \\ f = f_{cc}，当 \varepsilon = \varepsilon_{cc} \end{array}\right\} \tag{5-31}$$

通过联立求解式（5-30）和式（5-31），可得多项式型应力-应变模型上升段曲线表达式，如式（5-32）和式（5-33）所示。多项式模型下降段表达式则继续沿用三折线模型的解析式（5-28）。综合所得上升段和软化段表达式，可确定复合加固木柱轴心受压多项式型应力-应变模型。

$$f = E_0\varepsilon\left[1 - \frac{1}{n}\left(\frac{\varepsilon}{\varepsilon_{cc}}\right)^{n-1}\right] \tag{5-32}$$

$$n = \frac{E_0\varepsilon_{cc}}{E_0\varepsilon_{cc} - f_{cc}} \tag{5-33}$$

### 5.3.3 模型曲线与试验结果对比

为验证所得计算模型的可靠性，将模型计算曲线与试验结果进行对比，如图 5-10 所示。图中列出了复合加固木柱每组试件的试验曲线以及相应加固工况的模型计算曲线。充分考虑木材作为生物质建材所具有的离散特性，三折线和多项式型模型计算曲线上升段和峰值均与试验结果对应良好，表明所建立的两种应力-应变模型均具备较好的预测效果。

模型计算曲线下降段与试验曲线存在一定的差异，但斜率相近。在实际试验过程中，当加固木柱达到峰值后，由于不同试件木材损伤和破坏的区域以及程度均存在差异，因此相同加固工况试件的试验软化段曲线亦存在明显差别。通过拟合计算得到的模型曲线不可避免地会与试验结果存在一定的差异。木柱达到峰值时，处于较高的应力水平，当 CFRP 布发生脆性断裂，木柱失去约束作用后，破坏进程加剧，且破坏可能发生在多个薄弱区域，因而曲线分布存在不确定性。当内嵌钢筋数量一定时，随着 CFRP 布加固量的增加，模型曲线的峰值应力得到提升，且曲线下降段斜率减小，表明 CFRP 布能够提升木柱的承载力和变形性能。而当 CFRP 布加固量一定时，随着内嵌钢筋数量的增加，模型曲线峰值提升，而软化段的斜率减小，说明在 CFRP 布的约束作用下，内嵌钢筋能够对木柱承载和变形能力的改善做出贡献。所提出的应力-应变模型能够充分反映复合加固木柱的受压性能，因而可应用于相关的抗震分析和有限元模拟。

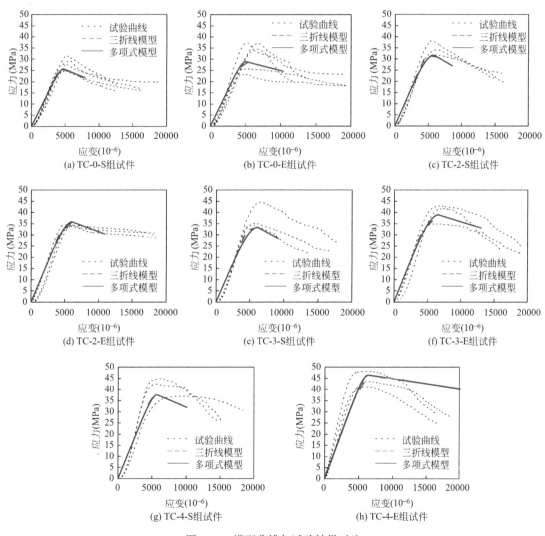

图 5-10　模型曲线与试验结果对比

## 5.4 复合加固不同截面形状木柱轴压承载力

### 5.4.1 方形木柱轴压试验概况

方形木柱的尺寸为 $200\text{mm} \times 200\text{mm} \times 600\text{mm}$，共设计了 27 根试件，主要考虑的变量为内嵌钢筋数量和 CFRP 布的布置方式。图 5-11 为方形木柱嵌筋试件的横截面示意图，图 5-12 为 CFRP 布的布置形式。具体的试验分组及加固方案列于表 5-3。木柱表面开槽尺寸为 $24\text{mm} \times 24\text{mm}$，内嵌钢筋直径为 16mm，其长度与木柱长度相当。

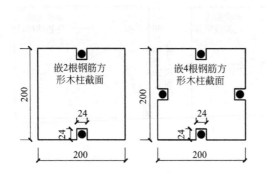

图 5-11 嵌筋试件横截面示意图（单位：mm）

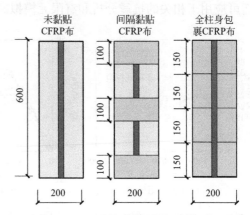

图 5-12 CFRP 布布置形式（单位：mm）

不同截面形状木柱试验分组 表 5-3

| 试件编号 | 截面形状 | 内嵌钢筋数量(根) | CFRP布布置形式 | 试件数量(个) |
|---|---|---|---|---|
| TR-0-N | 方形 | 0 | 未黏贴 | 3 |
| TR-0-S | 方形 | 0 | 间隔黏贴 | 3 |
| TR-0-E | 方形 | 0 | 全柱身缠绕 | 3 |
| TR-2-N | 方形 | 2 | 未黏贴 | 3 |
| TR-2-S | 方形 | 2 | 间隔黏贴 | 3 |
| TR-2-E | 方形 | 2 | 全柱身缠绕 | 3 |
| TR-4-N | 方形 | 4 | 未黏贴 | 3 |
| TR-4-S | 方形 | 4 | 间隔黏贴 | 3 |
| TR-4-E | 方形 | 4 | 全柱身缠绕 | 3 |

方形木柱与圆形木柱均由花旗松原木加工制作而成，加固用钢筋和 CFRP 布均来源于同一生产厂家，轴压试验研究采用了相同的试验装置和加载制度，具有相似的数据量测内容，试验概况基本一致。图 5-13 为依据方形木柱轴压试验结果绘制的荷载-位移曲线。

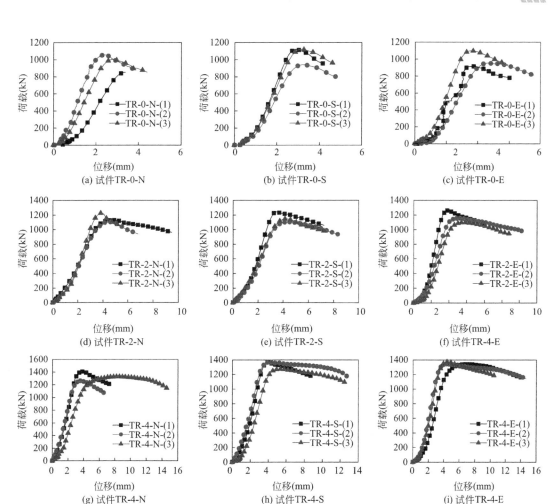

图 5-13　方形木柱试件荷载-位移曲线

## 5.4.2　不同截面形状加固木柱试验结果对比

图 5-14 和图 5-15 分别为圆形与方形截面复合加固木柱的典型破坏形态。由图可知，当木柱未采用 CFRP 布进行约束时，不同截面形式木柱的破坏形态相近，表现为木材的错动和压溃，破坏区域临近木材的初始缺陷处。由图 5-14（b）和 5-15（b）可知，当采用内嵌钢筋间隔粘贴 CFRP 布加固木柱时，破坏发生于 CFRP 布间隔区域，同时钢筋由于所受约束作用较弱而易发生受压屈曲。试件的主要破坏仍位于木材初始缺陷集中区域，且不同截面形状木柱内嵌钢筋均表现为弯曲破坏。比较图 5-14（c）和 5-15（c）中 CFRP 布的破坏形态可知，不同截面形状木柱中 CFRP 布的破坏形态不同。CFRP 布与圆形木柱能够建立良好的黏结作用，当木柱受压发生横向变形，局部应力集中现象突出，CFRP 布易脆性断裂。失去 CFRP 布的约束作用，圆形木柱的局部破坏进一步加剧。由于方形木柱截面存在直角，CFRP 布不能很好地与木柱贴合，从而影响到 CFRP 布的约束效果。随着加载进程内嵌钢筋弯曲外凸，引起 CFRP 布与木材的剥离破坏，未能发挥 CFRP 布的材料性能。图 5-14（d）中，由于木材的横向变形显著，CFRP 布发生脆性断裂破坏。而同样作

为内嵌钢筋全柱身黏贴 CFRP 布试件，图 5-15（d）中 CFRP 布的破坏表现为褶皱和外凸，并未发生断裂。由于方形木柱的横向膨胀较小，其破坏主要表现为木材的竖向挤压错动，因而 CFRP 布的破坏表现为剥离。木柱的截面形状变化主要会影响 CFRP 布的破坏形态，不同截面形式木柱中内嵌钢筋与木材的破坏特征相近。

(a) 试件TC-2-N-(1)　　(b) 试件TC-2-S-(1)　　(c) 试件TC-4-S-(2)　　(d) 试件TC-4-E-(2)

图 5-14　圆形木柱破坏形态

(a)试件TR-2-N-(3)　　(b) 试件TR-2-S-(3)　　(c) 试件TR-4-S-(1)　　(d) 试件TR-4-E-(3)

图 5-15　方形木柱破坏形态

　　图 5-16 中对比了圆形和方形截面木柱在不同加固工况下的承载力，随着内嵌钢筋数量以及外黏 CFRP 布加固量的增加，圆形截面木柱的承载力不断提升。当 CFRP 布加固量一定时，随着内嵌钢筋数量的增加，方形木柱承载力提升；当内嵌钢筋数量一定时，增加 CFRP 布加固量则不能大幅提高方形木柱的承载力。由于木材材料性能存在离散特性，TC-2-E 和 TR-0-E 组试件的承载力均值较低，但其他组别均符合上述承载力分布规律。在相同加固工况下，圆形截面加固木柱的承载力远大于方形截面加固木柱，可知复合加固方法能够大幅提升圆形木柱的轴压承载力，但对于方形截面木柱承载力的提升幅度有限。CFRP 布与圆形木柱黏结作用更加突出，从而 CFRP 布与钢筋的协同工作、相互促进作用能够进一步提升木柱的承载能力。而方形木柱截面存在拐角，CFRP 布不能与木材完全贴合，同时方形木柱在受压过程中的横向变形不明显，因而 CFRP 布无法为方形木柱提供有效的约束作用，故木柱承载力的提升幅度较小。采用复合加固方法提升圆形木柱的承载力具有可靠性，而需要采取一定的措施加固方形木柱，如对木柱进行倒角、增加 CFRP 布加固量等。

　　图 5-17 对比了不同截面形状木柱的延性系数，当内嵌钢筋数量一定时，随着 CFRP

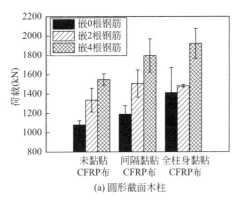
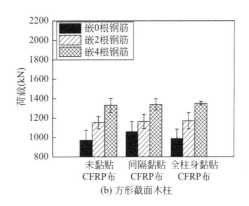

图 5-16　不同截面形状木柱承载力对比

布用量的增加，不同截面形状木柱的延性系数均随之增大，表明 CFRP 布能够有效改善木柱的变形能力。当木柱受到 CFRP 布的约束作用时，随着内嵌钢筋数量的增加，不同截面形状木柱的延性系数均呈上升趋势，表明钢筋能够在 CFRP 布的约束作用下发挥其材料性能，提升木柱的延性。当木柱未内嵌钢筋时，增加 CFRP 布用量对木柱延性的改善不明显；而当木柱内嵌钢筋时，在 CFRP 布的约束作用下，可大幅提升加固木柱的延性系数。在有效约束作用下，内嵌钢筋能够承担竖向荷载，延缓木柱的横向变形和损伤破坏，同时可以提升加固木柱三向受压时的应力水平，缓解应力集中现象，充分发挥 CFRP 布的材料性能。

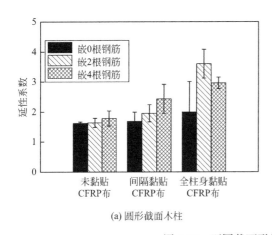
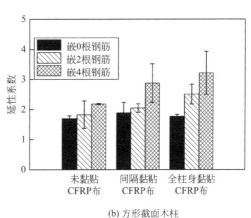

图 5-17　不同截面形状木柱延性系数对比

　　图 5-18 所示为不同截面形状木柱的应力-应变曲线。对比未嵌筋仅黏贴 CFRP 布的试件可知，随着 CFRP 布用量的增加，木柱的峰值应力略微提升，而变形能力则改善明显。不同截面形状木柱的应力-应变曲线分布相近，曲线峰值应力和极限应变均较为接近。当木柱应用复合加固方法时，其承载能力和变形能力均随着 CFRP 布用量的增加而得到改善。且 CFRP 布对圆形木柱峰值应力的提升作用优于方形木柱，尤其当内嵌有 4 根钢筋时，在相同条件下，圆形木柱的应力远大于方形木柱。CFRP 布对不同截面形状木柱延性

改善的贡献突出，随着 CFRP 布用量的增加，木柱的极限应变随之增加。对比图 5-18（a）、（d）和（g）可知，当未采用 CFRP 布时，增加内嵌钢筋数量可以提升木柱的受压性能，但是对变形能力的改善不明显。而当木柱采用 CFRP 布进行约束后，随着内嵌钢筋数量的增加，木柱的峰值应力和极限应变均大幅提升，复合加固方法对圆形木柱的加固效果优于方形木柱。不同截面形状木柱均具有较好的延性，但圆形木柱的峰值应力大于方形木柱的相应数值。CFRP 布与圆形木柱的黏结效果较好。因而，CFRP 布的约束作用能够确保改善木柱的承载能力和变形能力，同时 CFRP 布与钢筋的协同工作、相互促进作用可以进一步提升木柱的受压性能。综上所述，相比于方形木柱，复合加固方法应用于圆形截面木柱具有更好的加固效果。

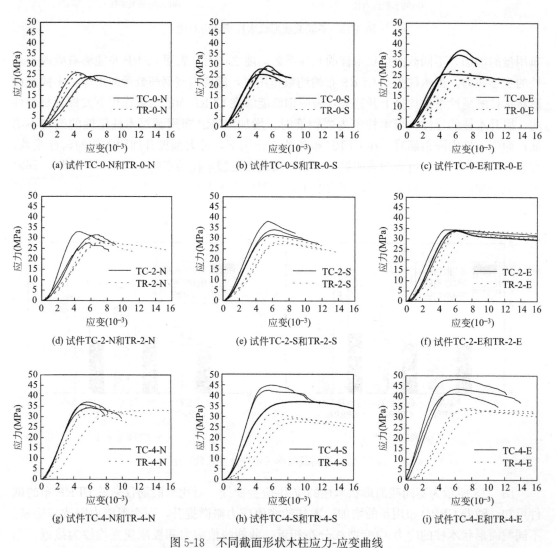

图 5-18　不同截面形状木柱应力-应变曲线

### 5.4.3　不同截面形状木柱轴压承载力

在建立不同截面形状木柱轴心受压承载力计算公式时，应充分考虑木柱截面形状的影响。借鉴相关研究，本书引入截面形状系数 $k_v$ 来考虑 CFRP 布对方形截面木柱约束作用的折减。假定等效圆柱的截面为实际矩形柱截面的外接圆，则等效圆柱截面直径 $D$ 为实际矩形柱截面对角线的长度，具体计算按式（5-34）进行。同时可通过式（5-35）计算加固木柱的截面形状系数 $k_v$。

$$D = \sqrt{h^2 + b^2} \tag{5-34}$$

$$k_v = \left(\frac{b}{h}\right)^2 \frac{1 - \dfrac{\left(\frac{b}{h}\right)(h-2r)^2 + \left(\frac{h}{b}\right)(b-2r)^2}{3A_t} - \rho_s}{1 - \rho_s} \tag{5-35}$$

式中　$b$——方形柱截面的宽度（mm）；

　　　$h$——高度（mm）；

　　　$r$——柱截面倒角半径（mm）；

　　　$A_t$——柱截面总面积（mm²）；

　　　$\rho_s$——柱的纵向配筋率。

同时，考虑 CFRP 布的有效截面系数 $k_s$、有效应变系数 $k_\varepsilon$ 和截面形状系数 $k_v$，可确定 CFRP 布约束不同截面形状木柱有效约束应力 $f'_l$ 的计算式，如式（5-36）所示。

$$f'_l = k_s k_\varepsilon k_v \frac{2E_{CFRP}\varepsilon_{CFRP}t_i b_f}{(b_f + S_{cj})D} \tag{5-36}$$

基于本书 CFRP 布约束木柱顺纹抗压强度计算方法，以式（5-6）为基础模型，可得 CFRP 布约束不同截面形状木柱顺纹抗压强度计算公式（5-37）。

$$\frac{f'_{cc}}{f_{co}} = 1 + k\frac{f'_l}{f_{co}} \tag{5-37}$$

式中　$f'_{cc}$——CFRP 布约束不同截面形状木柱的抗压强度（MPa）；

　　　$f_{co}$——仅嵌筋加固木柱的抗压强度（MPa），与上文含义相同；

　　　$k$——CFRP 布有效约束系数，与上文含义相同。

基于 Richart 模型对式（5-37）中的参数 $k$ 进行拟合。加固木柱抗压强度 $f'_{cc}$ 和未加固木柱抗压强度 $f_{co}$ 均通过试验数据确定，CFRP 布的有效约束应力 $f'_l$ 由式（5-36）计算得到，并以 $f'_l/f_{co}$ 为自变量，以（$f'_{cc}/f_{co}-1$）为因变量进行拟合分析，具体结果如图 5-19 所示。

基于拟合分析结果可知，式（5-37）中 CFRP 布约束系数 $k$ 的数值为 8.5，则得到式（5-38）所示的 CFRP 布约束不同截面形状木柱抗压强度计算公式，进而可以确定复合加固木柱轴压承载力 $N_u$ 的计算式（5-39）。

$$f'_{cc} = f_{co} + 8.5f'_l \tag{5-38}$$

$$N_u = f'_{cc}A_t = (f_{co} + 8.5f'_l)A_t \tag{5-39}$$

为验证不同截面形状复合加固木柱轴心受压承载力计算公式的可靠性，将理论计算值与木柱试验承载力进行对比。图 5-20 横坐标为各试件的承载力理论值，纵坐标为加固木柱的试验值，数据点多分布于对角线附近，表明承载力计算公式具有较好的预测效果。而且试验中 18 根方形截面木柱的理论计算误差均在 15% 以内，绝大多数圆形截面木柱的承载力理论计算误差同样在 15% 以内，可知承载力计算公式（5-39）的预测计算具有可靠性。

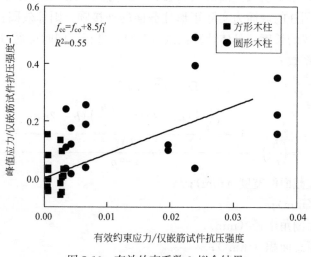

图 5-19　有效约束系数 $k$ 拟合结果

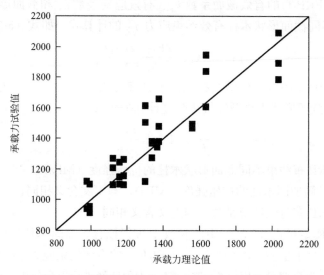

图 5-20　复合加固木柱承载力理论与试验值对比

　　为进一步验证公式（5-39）的预测效果，作者开展了相关的补充试验研究，完成了 6 根复合加固矩形木柱的轴压试验，以探究理论计算模型对矩形截面木柱轴压承载力的预测效果。补充试验木柱尺寸为 200mm×150mm×600mm，3 根试验木柱仅内嵌 2 根钢筋，剩余 3 根木柱采取内嵌 2 根钢筋间隔黏贴 CFRP 布的加固形式。补充试验中矩形木柱的加固方案与相应方形木柱完全相同，均内嵌直径为 16mm 的 HRB400 钢筋，CFRP 布的宽度为 100mm，布置净距为 150mm。补充试验概况与正式试验完全一致。表 5-4 为承载力理论计算与试验结果的对比，所建立的承载力理论模型能够很好地预测矩形木柱的试验结果，3 根矩形木柱的计算误差均在 6% 以内，充分验证了式（5-39）的可靠性。补充试验试件数量有限，同时考虑木材作为生物质建材所具有的离散特性，所提承载力计算公式的有效性有待后续的考察和验证。

**承载力理论值与补充试验结果对比**　　　　　　　　　　　表 5-4

| 试件编号 | 试验值(kN) | 式(5-39)计算值(kN) | 计算值/试验值 | 误差(%) |
|---|---|---|---|---|
| TS-2-N-(1) | 933.91 | — | — | — |
| TS-2-N-(2) | 868.81 | — | — | — |
| TS-2-N-(3) | 954.24 | — | — | — |
| TS-2-S-(1) | 975.50 | 927.29 | 0.95 | −4.9 |
| TS-2-S-(2) | 980.54 | 927.29 | 0.95 | −5.4 |
| TS-2-S-(3) | 969.05 | 927.29 | 0.96 | −4.3 |

# 6 复合加固木柱抗震性能试验

## 6.1 引言

目前绝大多数研究主要集中于对木结构节点的抗震性能分析，部分学者采用 FRP 布加固木结构损伤节点，经研究表明该方法具有一定的加固效果。有关加固木柱抗震性能方面的研究较少，多数学者更加关注加固木柱的受压性能，同时考虑到木结构的抗震特性，从而未对木柱的抗震性能作过多分析和探究。对复合加固木柱抗震性能的研究能够验证复合加固方法的加固效果，同时可以从侧面反映复合加固方法对木柱材料性能的提升。在现代木结构中，木柱底部采用固结形式。因此，对复合加固木柱抗震性能的研究能够为新型木结构中木柱的结构设计和损伤加固提供参考。综上所述，有必要开展复合加固木柱抗震性能方面的研究，从而可以验证新型加固方法的有效性，也能够指导该方法的实际工程应用。

为探究内嵌钢筋外包 CFRP 布复合加固木柱的抗震性能，本章首先以内嵌钢筋数量和 CFRP 布的加固量为影响因素，完成了 8 根加固木柱的低周往复荷载试验。试验中测量木柱的水平荷载和位移，同时采集不同材料的应变信息。其次，描述试验现象及各试件的破坏形态，得到木柱的荷载-位移滞回曲线和骨架曲线，并基于试验曲线分析加固木柱的耗能、强度和刚度退化等抗震特性。之后，分析试验量测数据，得到沿试件高度方向水平位移的分布规律，给出钢筋和 CFRP 布在水平往复荷载中的滞回曲线，并绘制木材与各加固材料的应变对比曲线。最后，介绍复合加固方形木柱的低周往复荷载试验概况，并对比圆形与方形木柱的试验结果，讨论复合加固方法针对不同截面木柱的加固效果。

## 6.2 低周往复荷载试验概况

### 6.2.1 试验材料

试验木材采用红松原木，参照相应规范加工制作木材清样小试件，数量为 20 个，测试得到试验用木材的密度和含水率分别为 $0.40\mathrm{g \cdot cm^{-3}}$ 和 $9.71\%$。为确定试验用木材的顺纹抗压强度和横纹（径向）抗压强度，锯解和截取 20 个无瑕疵小试样，经测试木材的顺纹抗压强度为 35.0MPa，横纹（径向）抗压强度为 4.8MPa。木材顺纹抗拉强度的测试方法依据《无疵小试样木材物理力学性质试验方法 第 14 部分：顺纹抗拉强度测定》GB/T 1927.14—2022，20 个小试样的测试结果表明其抗压强度为 73.2MPa。木材抗弯强度的测定依据《无疵小试样木材物理力学性质试验方法 第9部分：抗弯强度测定》GB/T 1927.9—2021完成，先测定20个试件的弹性模量，后进行抗弯强度试验，测试得到木材的抗弯弹性模量为12142MPa，抗弯强度为84.8MPa。内嵌钢筋选用HRB400螺纹钢筋，直径为16mm，共完成6根钢筋的对拉试验，钢筋的屈服强度为499.1MPa，极限强度为660.5MPa，最大力拉伸率为13.7%。试验中选用的CFRP布及配套黏结胶与第4章采用的CFRP布和浸渍胶均由同一厂家生产，具体材料性能参数可参考第4章所述。植筋胶继续沿用上述章节中的胶体，其主要成分为JGN805。

## 6.2.2 试件设计

试验以某宫殿内木柱为原型进行缩尺设计，采用的缩尺比例为1∶3.6，确定试验木柱的直径为300mm，高为1770mm。参考复合加固木柱轴心受压性能研究，本章以内嵌钢筋数量和外包胶黏CFRP布加固量为试验变量展开研究，共设计制作了8根试验木柱，具体分组如表6-1所示，各试件的具体加固方案如图6-1所示。

<table>
<tr><td colspan="4" align="center">试件参数设计　　　　　　　　　　　　　　　　表6-1</td></tr>
<tr><td>试件编号</td><td>内嵌钢筋数量（根）</td><td>CFRP布加固量</td><td>具体加固说明</td></tr>
<tr><td>TC-C-1</td><td>0</td><td>无</td><td>对比试件</td></tr>
<tr><td>TC-C-2</td><td>2</td><td>无</td><td>仅内嵌2根钢筋</td></tr>
<tr><td>TC-C-3</td><td>4</td><td>无</td><td>仅内嵌4根钢筋</td></tr>
<tr><td>TC-C-4</td><td>0</td><td>全柱身黏贴</td><td>全柱身黏贴CFRP布未嵌筋</td></tr>
<tr><td>TC-C-5</td><td>2</td><td>间隔黏贴</td><td>间隔黏贴CFRP布嵌2根钢筋</td></tr>
<tr><td>TC-C-6</td><td>4</td><td>间隔黏贴</td><td>间隔黏贴CFRP布嵌4根钢筋</td></tr>
<tr><td>TC-C-7</td><td>2</td><td>全柱身黏贴</td><td>全柱身黏贴CFRP布嵌2根钢筋</td></tr>
<tr><td>TC-C-8</td><td>4</td><td>全柱身黏贴</td><td>全柱身黏贴CFRP布嵌4根钢筋</td></tr>
</table>

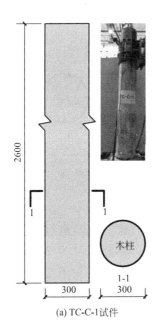
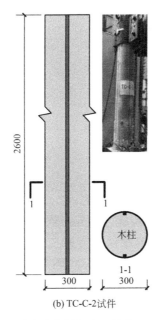
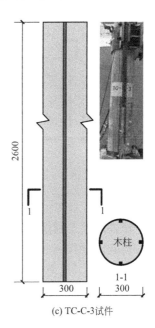

(a) TC-C-1试件　　　　　　(b) TC-C-2试件　　　　　　(c) TC-C-3试件

图6-1 试验木柱加固方案（单位：mm）（一）

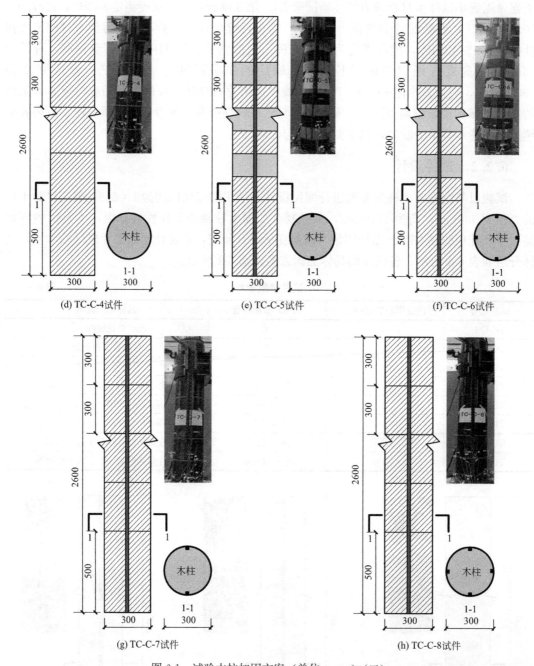

(d) TC-C-4试件  (e) TC-C-5试件  (f) TC-C-6试件

(g) TC-C-7试件  (h) TC-C-8试件

图 6-1 试验木柱加固方案（单位：mm）（二）

试件的加工制作分为以下几个步骤。首先，依据相应的试验方案对原木进行机械加工，得到试验尺寸的圆形木柱。按照预定方案在木材表面开槽，木槽尺寸为 24mm×24mm。其次，反复多次清理木槽，将双组份的环氧树脂植筋胶填入木槽，约填至木槽高度的三分之二。将钢筋嵌入木槽，并用植筋胶继续填满木槽，抹平木槽表面即钢筋的外覆胶层。之后，待植筋胶硬化后，清理木柱表面的 CFRP 布黏贴区域，部分区域采用抛光机打磨，严格保证黏贴区域的洁净。浸渍胶刷于木柱表面预定的黏贴位置，将浸渍过的

CFRP 布缠绕于木柱表面。最后，将制作完备的试件在 20℃室温、50％湿度的实验室环境中养护 7d，便可进行水平低周往复荷载试验。

### 6.2.3　试验装置及数据量测

图 6-2 为试验装置示意图。试验中，竖向液压千斤顶与试件之间设置球铰，竖向千斤顶与上部反力梁之间设置滑道，保证木柱上部加载端在较大水平位移时竖向荷载的数值稳定性和垂直状态。通过 500kN 液压伺服作动器给试件施加水平方向的往复荷载，水平作动器的最大往复位移为±250mm。作动器与试验木柱通过圆弧形夹具连接，木柱底部采用固结形式，将木柱置于两半圆弧形抱箍之间，两部分抱箍通过高强螺栓连接。固结支座与底部支座通过锚杆与地面固定，保证试件底部固结的边界条件。

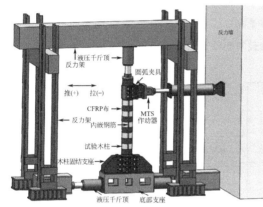

(a) 试验装置示意图

(b) 试验装置现场照片

图 6-2　试验装置

首先通过液压千斤顶施加竖向荷载，荷载大小约为 43kN。试件的竖向荷载施加完毕后，依据图 6-3 中的加载制度施加水平方向的低周往复荷载。本章试验加载制度参考木结构节点加载规范 ISO 16670，采取等幅位移控制方式，速率为 1mm·min$^{-1}$。通过探索性试验确定位移加载幅值为 1.125mm、2.25mm、4.5mm、6.75mm、9mm、18mm、36mm、54mm、72mm、90mm、108mm、126mm、144mm 等。木材属于脆性材料，考虑到试验安全因素，规定当正向或负向水平荷载下降至同方向峰值荷载的 85％时，试验停止。

数据测量内容主要有试件的水平荷载，木柱固结支座的水平和竖向位移，试件沿高度方向关键点的水平位移，试件底部区域木材的横、纵向应变，以及对应木材应变测点位置钢筋的纵向应变和 CFRP 布的横向应变。图 6-4 描述了试验中固结支座位移以及沿木柱高度水平位移的测点布置。试验中木材、钢筋以及 CFRP 布具体的应变测点如图 6-5 所示，木材的纵向应变测点与钢筋的纵向应变测点高度一致，木材的横向应变测点与 CFRP 布的横向应变测点位置相同。图 6-5 中，T 代表木材的应变片，单数为竖向应变片，双数为横向应变片；S 表示钢筋的竖向应变片；C 指代 CFRP 布的横向应变片。由于木柱加固使用的是单向 CFRP 布，沿木柱高度方向 CFRP 布无约束作用，故未测量 CFRP 布的纵向应变。上述位移及应变数据均由一台应变仪同步采集得到，试验水平荷载由液压伺服加载系统自动采集记录。

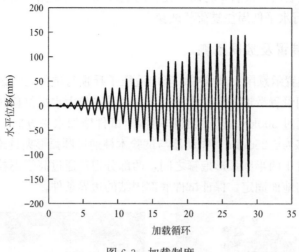

图 6-3　加载制度

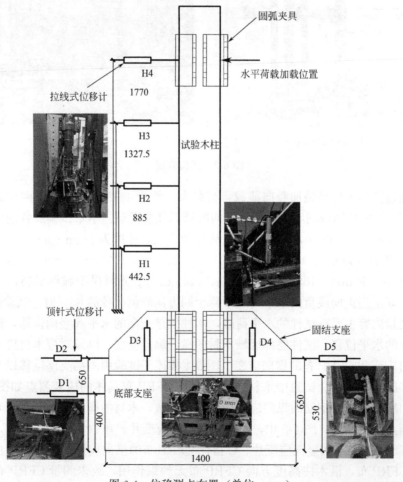

图 6-4　位移测点布置（单位：mm）

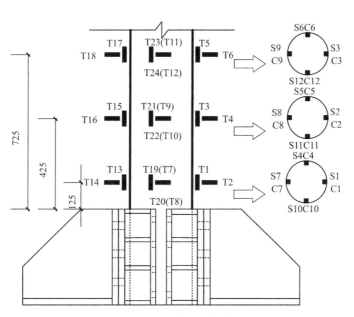

图 6-5　应变测点布置（单位：mm）

## 6.3　试验结果分析

### 6.3.1　试验现象及破坏形态

试件 TC-C-1 为对比试件，随着水平位移的增加，木材纤维发生细微的撕裂声，且木纹声随着加载循环逐渐变大且越加清脆。当水平位移第一次达到＋72mm 时，有显著的木纹断裂声，试件底部木纤维受拉断裂。之后负向加载至－72mm 时，同样产生强烈的木纹断裂声，木纤维发生脆性受拉破坏。继续加载，木柱内部发出"咯咯"的木纹错动声，响声连续不断。当水平加载位移达到－90mm 时，试件发出巨响，木纤维的断裂加剧，木材裂缝贯通，荷载降低至峰值的 85％以下。图 6-6 为试件在每一级加载循环正向最大位移处的变形状态以及试件的破坏模式。

试件 TC-C-2 为仅内嵌 2 根钢筋加固的木柱，循环加载至＋54mm，未出现明显试验现象。加载位移为 72mm 时，木纹错动声逐渐连续，间断发出木纤维的断裂声。当试件的水平位移第一次达到＋90mm 时，伴随着一声巨响，木柱在受拉侧发生脆性断裂破坏；反向加载至－90mm 时，同样发生木纤维的脆性拉裂，承载力下降明显。当水平加载位移达到＋108mm 时，试件的承载力下降至峰值的 85％以下，该级加载循环结束后，停止试验。图 6-7 描述了试件 TC-C-2 在每一级正向最大位移时的变形，以及试件的破坏模式。

试件 TC-C-3 为仅内嵌 4 根钢筋加固的木柱，其破坏过程与试件 TC-C-2 较为相近。在水平正向位移达到＋72mm 之前，偶尔有细微的木纹撕裂声。当水平位移第一次达到＋72mm 时，木柱发出较大木纹撕裂声，在木柱底部受拉侧产生明显裂缝。继续增加水平位移，当加载至水平位移第一次到达－90mm 时，木柱内部木纤维断裂，发出连续的巨

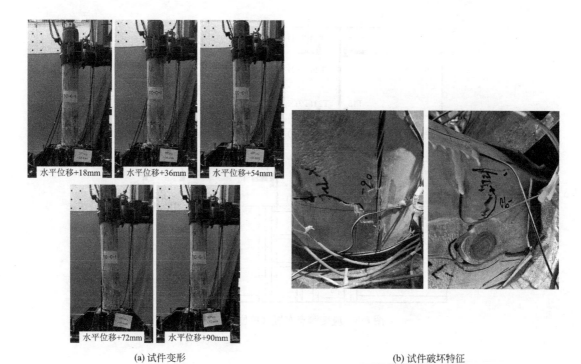

(a) 试件变形　　　　　　　　　　　　　　(b) 试件破坏特征

图 6-6　试件 TC-C-1 破坏模式

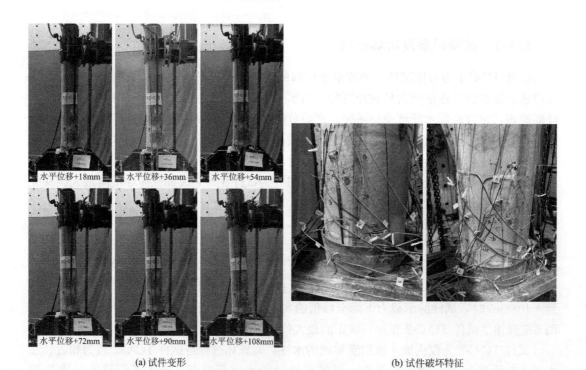

(a) 试件变形　　　　　　　　　　　　　　(b) 试件破坏特征

图 6-7　试件 TC-C-2 破坏模式

响，承载力下降。当试件的水平位移达到＋108mm 时，试件底部继续产生纤维断裂；水平位移达到－108mm 时，承载力显著下降，试件破坏。图 6-8 为试件 TC-C-3 的变形及破坏形态，由木柱的变形可知，当柱底木纤维发生断裂破坏后，试件会在水平荷载作用下沿着开裂区域产生一定的转动。

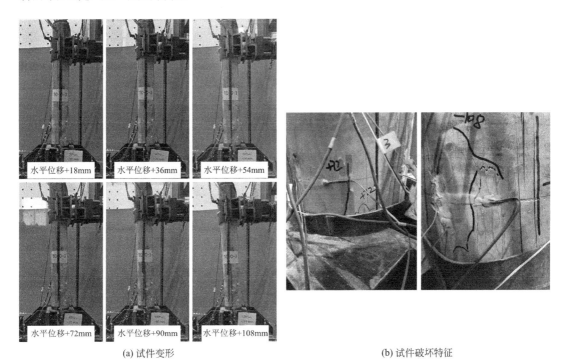

(a) 试件变形　　　　　　　　　　　　　　　(b) 试件破坏特征

图 6-8　试件 TC-C-3 破坏模式

试件 TC-C-4 全柱身黏贴 CFRP 布而未嵌筋，当水平加载位移达到＋72mm 时，CFRP 布发出撕裂响声，伴随有木纤维的错动声。当水平位移第一次达到－90mm 时，试件发生巨响，承载力下降，木柱底部受拉侧纤维发生断裂。在 90mm 第二圈加载循环中，水平加载位移为＋90mm 时，木纤维发生受拉破坏，承载力下降显著。当加载位移为 108mm 时，试件的承载力已降至峰值的 85％以下。图 6-9 为试件的破坏特征。

试件 TC-C-5 在加载方向上内嵌有 2 根钢筋，CFRP 布沿柱身间隔布置。当循环加载位移达到 72mm 时，有显著的 CFRP 布撕裂声，木纹的挤压错动声不断。水平位移第二次达到＋90mm 时，试件底部有木材纤维的断裂声，水平荷载并未下降。当水平位移第一次接近＋108mm 时，木柱底部发生木纤维断裂，承载力骤降。在水平位移 108mm 的第三个加载循环中，当位移接近－108mm 时，木柱底部受拉侧木纤维发生断裂。继续循环加载，当水平加载位移第一次达到＋144mm 和－144mm 时，试件发生进一步的破坏，荷载下降显著。图 6-10 为试验木柱的变形以及试件的破坏特征。

试件 TC-C-6 的破坏过程与试件 TC-C-5 相似，初始加载阶段无明显试验现象。水平位移 72mm 的第二个加载循环当位移达到＋72mm 时，有 CFRP 布的撕裂声。当水平位移达到－72mm 时木柱原有干缩裂缝变宽。在水平位移 90mm 的加载循环中，承载力并未提升且趋于平缓，试验过程中不断有木材纤维的错动声以及 CFRP 布的撕裂声。当水平位移

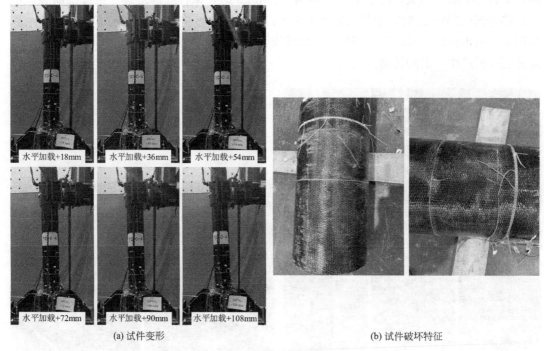

| 水平加载+18mm | 水平加载+36mm | 水平加载+54mm |
| 水平加载+72mm | 水平加载+90mm | 水平加载+108mm |

(a) 试件变形　　　　　　　　(b) 试件破坏特征

图 6-9　试件 TC-C-4 破坏模式

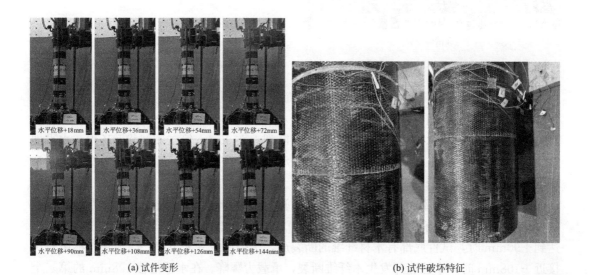

(a) 试件变形　　　　　　　　(b) 试件破坏特征

图 6-10　试件 TC-C-5 破坏模式

第一次达到－126mm时，木柱发出明显的木纹断裂声，水平荷载急剧下降，试件发生破坏。图 6-11 为试件 TC-C-6 在水平荷载下的变形状态以及试件的破坏特征。当水平加载位移较大时，试件底部破坏区域的变形较大，柱身表现出沿着破坏区域发生转动的趋势。

　　试件 TC-C-7 内嵌有 2 根钢筋，全柱身黏贴 CFRP 布，试验初始阶段仅有细微木纹错动声。水平加载位移达到＋108mm，试验荷载趋于平缓。加载位移为－108mm 时，CFRP

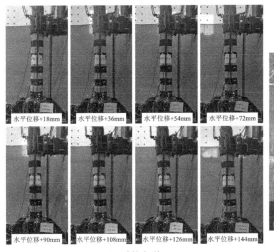

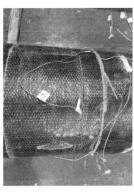

(a) 试件变形　　　　　　　　　　　　　(b) 试件破坏特征

图 6-11　试件 TC-C-6 破坏模式

布产生断裂的响声。水平位移第一次达到＋126mm 时，试件发出巨响，水平荷载有所下降。继续循环加载至－126mm 时，试验荷载下降明显。水平位移为 144mm 的加载循环，试件的承载力继续下降，木纹错动声连续不断。当水平位移加载至 162mm 的加载循环时，水平荷载降至峰值的 85％以下，试验结束。图 6-12 所示为试件 TC-C-7 的破坏模式。

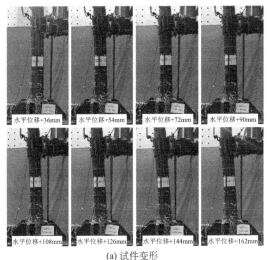
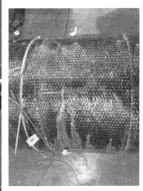

(a) 试件变形　　　　　　　　　　　　　(b) 试件破坏特征

图 6-12　试件 TC-C-7 破坏模式

试件 TC-C-8 内嵌有 4 根钢筋，且全柱身黏贴 CFRP 布，试验初期并无明显现象。直至 72mm 的加载循环，偶尔可以听到木材纤维的撕裂声和错动声，响声较小。加载位移第一次达到＋108mm 时，试件发出巨响，水平荷载下降显著，试件底部木材纤维发生受拉断裂；反向加载至－108mm 时，木柱底部同样发生断裂破坏，承载力随之下降。在 126mm 的水平位移加载循环中，木纹错动声连续不断，并伴随着 CFRP 布的撕裂声，承载能力进一步下降。当水平加载位移达到 144mm 的加载循环后，试件的脆性破坏特征显著，水平荷载降低幅度较大，试验随即停止。试件 TC-C-8 的试验过程及破坏特征列于图 6-13。

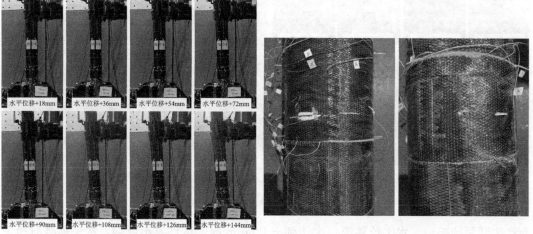

(a) 试件变形　　　　　　　　　　　　　　　(b) 试件破坏特征

图 6-13　试件 TC-C-8 破坏模式

在复合加固状态下，木柱的破坏表现为试件底部木材纤维的受拉断裂，脆性破坏特征显著。试验中 CFRP 布为单向纤维布，故对试件底部木材纤维的纵向断裂制约较小，而表面内嵌钢筋则在一定程度上缓解了木材的受拉破坏。试件发生木材的断裂破坏后，在水平荷载作用下，木柱柱身相对于破坏区域有转动趋势，其变形主要集中于损伤区域。经复合加固后，木柱的破坏开始发生于 90mm 或 108mm 的加载循环，表明该加固方法能够提升木柱的承载力。当试件破坏时，水平位移处于 144mm 或 162mm 的加载循环，可知复合加固方法可以提升木柱的变形能力。由于木柱的破坏以木材纤维的受拉断裂为主，复合加固方法不能够完全改变其破坏形态，但能改善木柱的破坏程度。

### 6.3.2　荷载-位移滞回曲线

图 6-14 列出各试件的荷载-位移滞回曲线，图中水平荷载正向为作动器的推出荷载，水平荷载负向为作动器的收缩荷载，水平位移为试件加载点处的加载位移。由未加固木柱的滞回曲线图 6-14（a）可知，试件的水平承载力较小，过峰值承载力后，其强度退化较快，表现出脆性破坏特征；同时，试件的极限位移较小，表明变形能力较差。滞回曲线不饱满，试件的耗能较差，曲线中部的捏拢现象突出。

对比图 6-14（a）～（c），木柱表面仅内嵌钢筋试件的峰值承载力高于对比试件。且过峰值后，试件能够继续经历 1～2 个加载循环，表明试件的变形能力得到一定程度的提升。试件 TC-C-2 和 TC-C-3 的滞回曲线更加饱满，表现出更好的耗能能力。捏拢现象有所改善，但依然明显。内嵌 2 根钢筋与内嵌 4 根钢筋试件的滞回曲线较为接近。

由图 6-14（d）可知，当试件达到荷载峰值后，承载力迅速下降，表现出显著的脆性破坏特征，继续承载能力和变形能力较差，仅试件的水平承载力有一定程度的提升。滞回

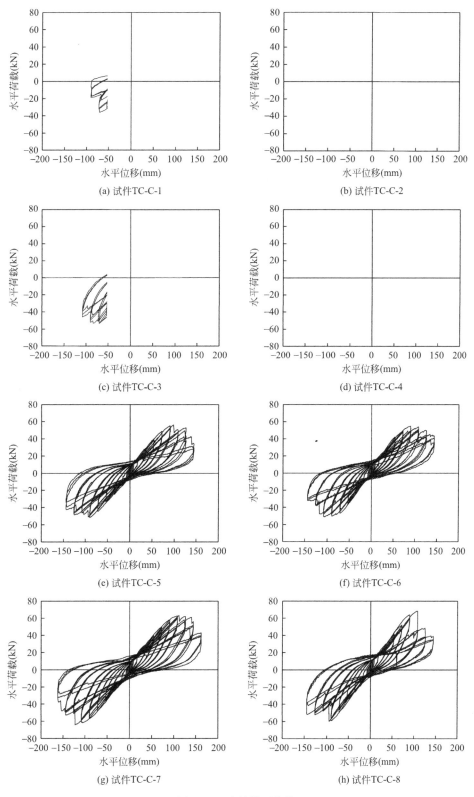

图 6-14　试件滞回曲线

曲线不饱满，且形状与对比试件接近，捏拢现象明显。单向 CFRP 布不能很好地缓解木材纤维的顺纹断裂破坏，仅能对木材的横向膨胀起到约束作用。该试件的脆性破坏可能源于较多的木材初始缺陷。

如图 6-14（e）和（f）所示，相比于未加固试件，试件正、负向的水平承载力均有提升，加载循环过峰值后，仍能持续承受水平荷载，承载力下降较慢。试件的脆性破坏特征不明显，但仍有捏拢现象。滞回环更加饱满，耗能能力有所提升。内嵌 2 根和 4 根钢筋试件的滞回曲线分布特征相近，中性轴位置处的钢筋对截面受力状态影响较小。与仅嵌筋试件相比，复合加固试件的变形能力更好，滞回环更为饱满，但承载力并未得到有效提升。

图 6-14（g）和（h）为内嵌钢筋全柱身黏贴 CFRP 布试件的滞回曲线。对比未加固试件，试件 TC-C-7 和 TC-C-8 的承载力得到显著提升，且变形能力得到改善。过峰值后，试件仍能够持续承载，但随着水平位移的增加，试件发生脆性破坏。虽然试件沿全柱身黏贴 CFRP 布，仍表现为底部木材纤维的断裂破坏。其滞回曲线形状较为饱满，具备一定的耗能能力，但曲线中部的捏拢现象仍较为突出。相比于仅嵌筋试件的滞回曲线，试件 TC-C-7 和 TC-C-8 的水平承载力得到显著提升，变形能力也有一定程度提高。随着外黏 CFRP 布用量的增加，试件的水平承载力提升，滞回曲线的面积增加。试件 TC-C-8 正向峰值承载力较大，在水平推力作用下，木柱发生脆性断裂破坏，试件的破坏程度加剧，因而承载力下降幅度大，表现为试件的延性较差。但试件 TC-C-8 的负向加载曲线表明该试件仍具有一定的变形能力。木柱的抗震性能可以通过复合加固方法得到改善，但木材的材料性能影响显著。

图 6-15 为各试件的荷载-位移骨架曲线，规定试件的极限荷载为峰值荷载的 85%，极限位移为极限荷载所对应的位移，表 6-2 列出各试件骨架曲线关键点的数值。表中试件峰值荷载的提升率取正、负两个加载方向的平均值。由图 6-15 和表 6-2 可知，单项加固和复合加固均能提升木柱的水平承载力。对比试件峰值荷载可知，当内嵌钢筋数量一定时，间隔黏贴 CFRP 布不能有效提升试件的承载力，而沿柱身满布 CFRP 布则可以大幅提升试件的抗侧力。虽然试件 TC-C-4 未布置内嵌钢筋，但沿全柱身黏贴 CFRP 布，其承载力得到提升。试件破坏基本集中于木柱底部，间隔布置 CFRP 布不能有效约束木柱底部的变形，

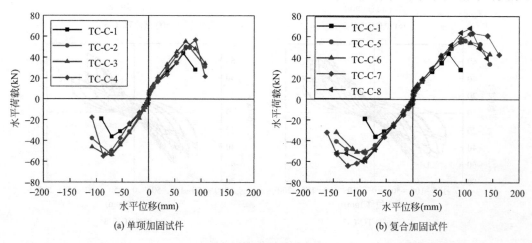

| (a) 单项加固试件 | (b) 复合加固试件 |
| --- | --- |

图 6-15　试件骨架曲线

骨架曲线关键点数值                    表 6-2

| 试件编号 | 加载方向 | 峰值状态 | | 极限状态 | | 峰值荷载提升率（%） |
|---|---|---|---|---|---|---|
| | | 荷载（kN） | 位移（mm） | 荷载（kN） | 位移（mm） | |
| TC-C-1 | 正向 | 44.0 | 66.5 | 37.4 | 76.1 | — |
| | 负向 | −36.1 | −70.2 | −30.7 | −76.5 | |
| TC-C-2 | 正向 | 50.0 | 71.7 | 42.5 | 89.7 | 29.3 |
| | 负向 | −53.6 | −71.2 | −45.6 | −90.2 | |
| TC-C-3 | 正向 | 55.2 | 71.3 | 46.9 | 91.2 | 35.8 |
| | 负向 | −53.6 | −69.8 | −45.6 | −108.1 | |
| TC-C-4 | 正向 | 56.8 | 90.0 | 48.3 | 94.4 | 39.5 |
| | 负向 | −55.0 | −87.0 | −46.7 | −91.6 | |
| TC-C-5 | 正向 | 56.3 | 97.9 | 47.9 | 130.6 | 35.1 |
| | 负向 | −52.0 | −90.0 | −44.2 | −135.5 | |
| TC-C-6 | 正向 | 55.0 | 89.7 | 46.7 | 133.9 | 32.3 |
| | 负向 | −51.0 | −105.2 | −43.4 | −122.3 | |
| TC-C-7 | 正向 | 63.4 | 111.6 | 53.9 | 148.4 | 59.5 |
| | 负向 | −64.3 | −122.1 | −54.7 | −140.6 | |
| TC-C-8 | 正向 | 68.3 | 107.2 | 58.1 | 116.6 | 60.1 |
| | 负向 | −59.9 | −94.2 | −50.9 | −143.3 | |

进而木材拉应变发展较快，随即发生脆性断裂破坏。内嵌钢筋可以提升木柱的水平承载力，但是内嵌 2 根和 4 根钢筋对木柱抗侧承载力的提升效果相近。当有 2 根钢筋对称布置于木柱截面中性轴附近时，其对截面水平承载力的贡献较小。

### 6.3.3　强度退化

强度退化是指在相同位移加载幅值下，反复加载状态下试件承载力的降低程度。强震过后，经常伴随有余震的发生，试件在经历强震后强度发生退化，则可能在余震中发生进一步的破坏，因此需要关注试件的强度退化。本章试验研究中定义试件的强度退化系数如式（6-1）所示。

$$\lambda_i = \frac{F_i^3}{F_i^1} \qquad (6-1)$$

式中　$\lambda_i$——第 $i$ 级加载循环的强度退化系数；

　　　$F_i^3$——第 $i$ 级加载循环第三次循环的峰值荷载（kN）；

　　　$F_i^1$——第 $i$ 级加载循环第一次循环的峰值荷载（kN）。

图 6-16 显示了试件正向和负向各加载循环的强度退化系数。在加载初期，试件的强度基本不发生退化。随着水平加载位移的增加，当达到 72mm 和 90mm 的加载循环时，单项加固试件的强度退化明显，强度退化系数显著降低。这是由于试件在相应加载循环的第一次循环发生破坏，承载力迅速下降，在第三次循环中，木柱的损伤持续累积，导致抗侧力减小，表现为强度明显退化。采用复合加固方法的试件，从加载初期至试验结束，其

强度退化幅度较小；即使试件发生破坏，其强度退化系数基本在 0.8 以上，大于采用单项加固试件的数值。试件 TC-C-8 在 108mm 加载循环时，发生木材纤维的断裂破坏，抗侧承载力显著下降，因此该级加载循环后试件的强度退化现象明显。其他复合加固试件从开始加载到加载循环 126mm 结束之时，强度退化现象不明显，表现出较好的抗震性能。相比于单项加固，复合加固方法能够有效缓解试件的强度退化现象，提升试件多次循环荷载后的抗侧性能。

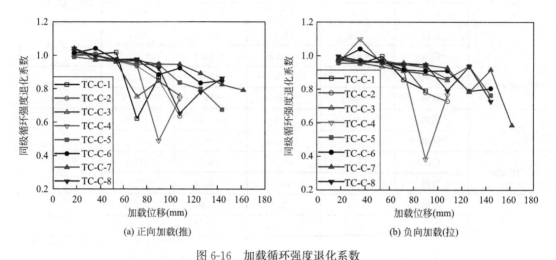

图 6-16　加载循环强度退化系数

### 6.3.4　刚度退化

为探究循环荷载作用下复合加固木柱的刚度变化，通过割线刚度来表征试件的有效刚度，具体计算参照式（6-2）。并定义每一加载循环的刚度退化系数为该级循环有效刚度与第一圈加载循环有效刚度的比值，具体定义如式（6-3）所示。

$$K_i = \frac{|+P_i| + |-P_i|}{|+\Delta_i| + |-\Delta_i|} \tag{6-2}$$

式中　$K_i$——第 $i$ 次循环试件的割线刚度（kN/mm）；

$\pm P_i$——第 $i$ 次循环正、负加载方向试件的峰值荷载（kN）；

$\pm \Delta_i$——第 $i$ 次循环正、负加载方向试件的峰值位移（mm）。

$$\eta_K = \frac{K_i}{K_1} \tag{6-3}$$

式中　$\eta_K$——试件刚度退化系数；

$K_i$——第 $i$ 次加载循环试件的有效刚度（kN/mm）；

$K_1$——试件第一次加载循环的有效刚度（kN/mm）。

图 6-17 为试件在各级加载循环结束后的刚度退化系数分布曲线，随着加载次数的增加，试件的有效刚度呈下降趋势。尤其在加载初始阶段，各试件的刚度退化现象明显，这是由于木材横纹方向发生变形。当水平加载位移达到 54mm 后，各试件的刚度退化系数趋于稳定。当单项加固试件发生破坏后，木柱的刚度退化现象明显。由于木材纤维发生断裂后，木柱控制截面的承载力减小，且木柱破坏区域的变形增加，随即表现为整体试件的有

效刚度降低。复合加固木柱的刚度退化过程较缓，但是当试件发生破坏时，有效刚度同样显著下降。复合加固方法可以在一定程度上减缓试件的刚度退化现象，但是不同加固工况试件之间刚度退化系数的差别不明显。

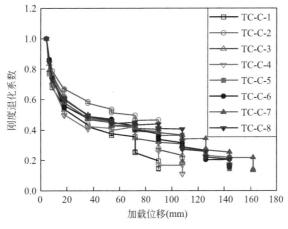

图 6-17　试件刚度退化系数

## 6.3.5　耗能性能

耗能性能是反映结构或构件抗震性能的重要指标，可以通过结构或构件在往复荷载作用下耗散能量的多少来评价其耗能能力。滞回曲线中每一滞回环的面积为试件在该加载循环中耗散的能量，本书采用累积耗能和等效黏滞阻尼系数衡量复合加固木柱的耗能能力。图 6-18 为试件在各加载循环中的累积耗能分布曲线，图 6-19 反映了试验过程中不同加载循环试件的等效黏滞阻尼系数分布。

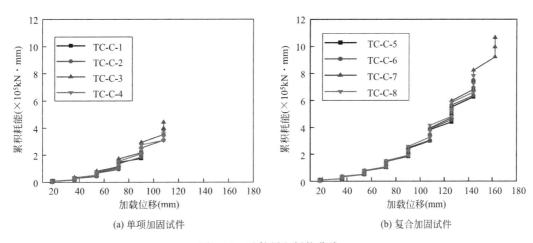

(a) 单项加固试件　　　　　　　　　　(b) 复合加固试件

图 6-18　试件累积耗能曲线

由图 6-18 可知，随着位移加载循环，各工况试件的累积耗能不断增加。由图 6-18（a）可知，在相同加载位移下，试件 TC-C-3 和 TC-C-4 的累积耗能略微高于试件 TC-C-1 和 TC-C-2。由图 6-18（b）中的曲线分布可知，试件 TC-C-7 和 TC-C-8 在加载循环中的累积

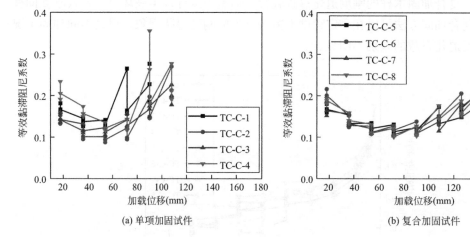

(a) 单项加固试件        (b) 复合加固试件

图 6-19 　试件等效黏滞阻尼系数

耗能略微高于其他两组试件，表明复合加固方法可以在一定程度上提升木柱的耗能性能。且由曲线的斜率变化可以看出，初始加载阶段试件的累积耗能曲线增长较缓；随着水平加载位移的增加，试件发生损伤并逐渐破坏，累积耗能曲线的斜率增加，表明试件的耗能速率加快。复合加固方法可以有效延缓木柱的破坏进程，提升木柱的变形能力，增加试件的累积耗能，进而改善木柱的抗震性能。

各试件等效黏滞阻尼系数的分布随着加载进程呈现先减小后增加的趋势。这是因为试验初始阶段在水平荷载作用下，木柱通过底部横纹压缩变形耗散能量，随着加载位移的增加，横纹变形量逐渐减小，因而试件的等效黏滞阻尼系数也逐步减小。由图 6-19 中初始加载阶段累积耗能的增长速率可以看出，在上述初始加载进程中，试件耗散的能量较少，木柱在该阶段的变形较小，且裂缝开展延伸较缓，因而能量得不到有效的耗散。当加载位移达到一定程度后，木材产生新裂缝，同时原有裂缝开始扩张，木材纤维发生挤压错动，能量的耗散明显增加，进而等效黏滞阻尼系数开始增大。且对比柱以及部分单项加固木柱发生木材纤维的脆性断裂，通过自身破坏耗散能量，因而图 6-19（a）中会出现等效黏滞阻尼系数的突增现象。复合加固木柱在底部发生木材纤维的脆性断裂后，在破坏区域形成类似"塑性铰"的转动区域，随着水平位移的持续增加，木柱通过破坏区域木材纤维的挤压、错动和断裂耗散能量。由图 6-19（b）可知，试件发生破坏后，其等效黏滞阻尼系数不断增加，表明木柱的耗能效率在不断提升。复合加固方法可以延缓试件的破坏进程，提升木柱的变形能力，增加耗能效率，进而改善木柱的抗震性能。

## 6.4　试件水平位移及材料应变分析

### 6.4.1　沿试件高度水平位移分布

试验中随着水平加载循环，试件沿高度方向水平位移连线的分布如图 6-20 所示。由图可知，试验初期木柱表现出一定的弯曲状态，且随着水平加载位移的增加，弯曲变形越

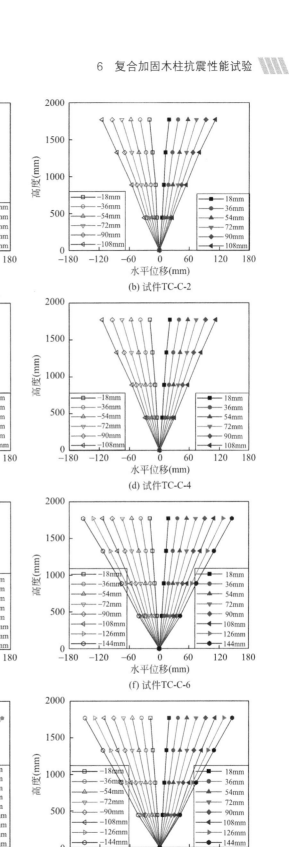

图 6-20 沿试件高度水平位移分布

加明显。但是柱身整体仍呈现一定的线性，弯曲程度较小。随着加载循环的持续，木柱底部固结区域发生破坏，试件侧向位移连线由轻微的弯曲状态转变为近似直线分布。当木柱底部区域发生破坏后，试件的主要变形集中于破坏区域，而柱身则保持平直。此时破坏截面附近区域类似于钢筋混凝土结构中的"塑性铰"，即可以产生轻微转动和变形，而柱身则基本没有变化。同时结合木柱的破坏特征，试件沿高度方向水平位移连线与木柱的实际变形特征相符，即柱身基本不发生损伤，而破坏位于柱脚区域。因此，对柱脚区域的加固可以减缓木柱的破坏，进而提升其抗震性能。

### 6.4.2 钢筋应变分析

图 6-21 为典型试件钢筋的应变分布曲线。依据图 6-5 试件应变测点布置，内嵌 2 根钢筋的试件给出测点 S1 和 S7 处的钢筋应变分布曲线；内嵌 4 根钢筋的试件则展示测点 S1 和测点 S4 处钢筋的应变分布曲线。由往复荷载作用下不同钢筋应变分布曲线可知，钢筋的应变-位移滞回曲线与试件的荷载-位移滞回曲线形态相近，能够反映试件的变形和破坏特征。由图 6-21（a）可知，钢筋的滞回曲线呈现出反"S"形的分布。当试件发生破坏时，钢筋的应变下降显著，表明截面发生内力重分布。图 6-21（b）为沿加载方向钢筋测点处的应变曲线，当试件发生破坏时，钢筋应变突增，表明木材纤维发生断裂，钢筋所受拉力增加。图 6-21（f）仅给出部分曲线分布，由于试件在 90mm 加载循环中发生轻微破坏，钢筋的应变迅速增大，应变片发生破坏，因此图中并未采用后续加载循环中的数据。图 6-21（d）和（h）为垂直于加载方向测点 S4 处的钢筋应变分布曲线，可知该截面 S4 处钢筋始终处于受拉状态，表明截面中性轴与中心线不重合。且在往复加载循环中，该截面处的钢筋一直处于受拉状态，当截面发生木材纤维的断裂破坏后，由于截面内力的重分布，钢筋的受拉应变进一步增加。内嵌钢筋可以与木柱协同变形、共同受力，从而提升试件的抗侧能力。

选取复合加固试件中 S1、S2、S7 和 S8 测点处的钢筋应变与相应测点（T1、T3、T13 和 T15）处的木材应变进行对比，钢筋应变与木材应变的对比曲线如图 6-22 所示，其中选取每一级加载循环峰值位移处的钢筋与木材应变作为特征点进行对比分析。由图中的应变对比曲线可知，相同测点处的钢筋与木材应变分布基本一致，且二者的变化趋势相近，表明钢筋与木材之间具有良好的变形协调性能。部分曲线下降段钢筋与木材应变对应得较好，证明钢筋与木材具有可靠的黏结性能。钢筋与木材应变在沿试件高度方向各测点处均有较好的对应关系，进一步验证了二者在黏结范围内具备协同工作的能力。

### 6.4.3 CFRP 布应变分析

图 6-23 为典型试件 CFRP 布的应变-位移滞回曲线，图中给出了各典型试件在 C1 和 C4 测点处 CFRP 布的应变分布。试件发生破坏后，部分测点应变采集异常，故图中仅给出试件破坏前 CFRP 布的滞回曲线。由图中 C1 测点的应变可知，随着循环加载，CFRP 布产生张拉应变和压缩应变，表明 C1 测点处的木材由于受到正截面的压缩作用和拉伸作用，在环向产生相应的张拉变形和压缩变形。试验中，木柱主要受到水平方向的往复荷载作用，由于轴力较小，木材的横向变形轻微，CFRP 布的应变采集数据较小。对于图 6-23（c），当加载位移达到 54mm 时，CFRP 布应变突增，且后续加载循环 CFRP 布的应力水

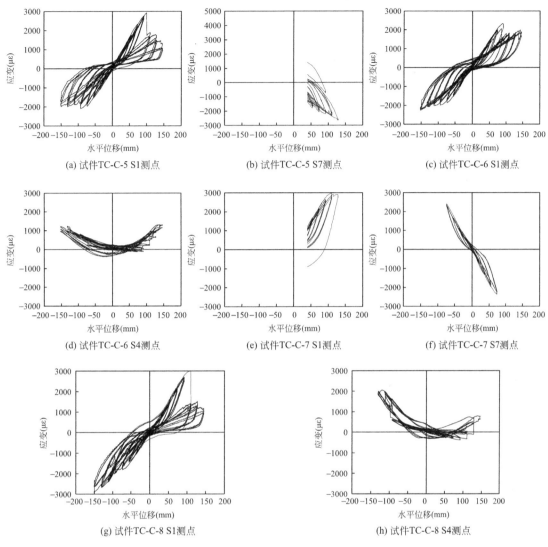

(a) 试件TC-C-5 S1测点

(b) 试件TC-C-5 S7测点

(c) 试件TC-C-6 S1测点

(d) 试件TC-C-6 S4测点

(e) 试件TC-C-7 S1测点

(f) 试件TC-C-7 S7测点

(g) 试件TC-C-8 S1测点

(h) 试件TC-C-8 S4测点

图 6-21　典型试件钢筋应变-位移滞回曲线

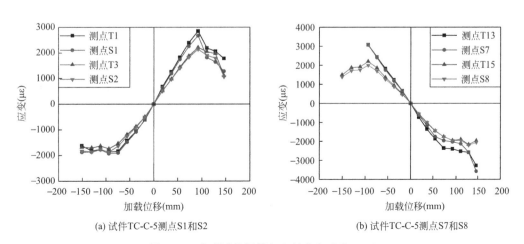

(a) 试件TC-C-5测点S1和S2

(b) 试件TC-C-5测点S7和S8

图 6-22　典型试件钢筋与木材应变对比（一）

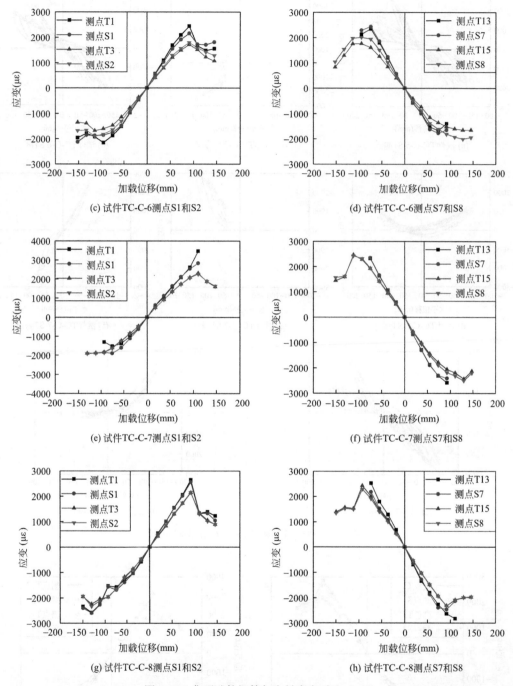

图 6-22　典型试件钢筋与木材应变对比（二）

平较高。由于木材产生新的裂缝或发生错动，不可恢复的变形导致 CFRP 布应变突增，后续加载进程 CFRP 布的应变变化则基于上述突增应变。C4 测点位于试件截面的中性轴附近，所受正截面应力较小，进而表现为较小的木材横向变形，因此 C4 测点处 CFRP 布的应变采集数据较小。当木材局部发生较大变形时，CFRP 布能够有效约束木材的横向膨

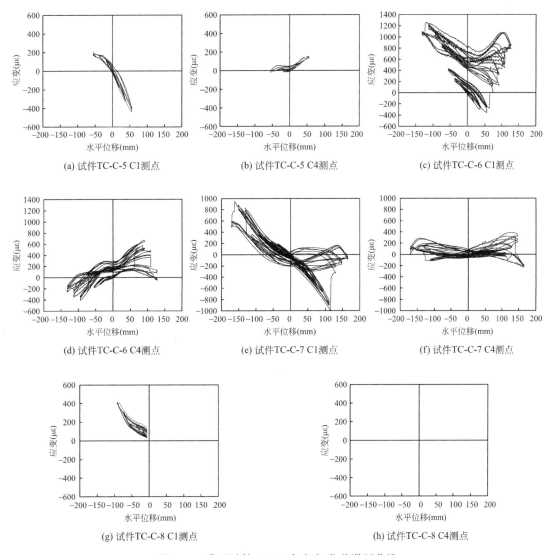

(a) 试件TC-C-5 C1测点  (b) 试件TC-C-5 C4测点  (c) 试件TC-C-6 C1测点

(d) 试件TC-C-6 C4测点  (e) 试件TC-C-7 C1测点  (f) 试件TC-C-7 C4测点

(g) 试件TC-C-8 C1测点  (h) 试件TC-C-8 C4测点

图 6-23　典型试件 CFRP 布应变-位移滞回曲线

胀，从而延缓木柱破坏发生的进程，可在一定程度上提升木柱的抗侧能力。

为验证 CFRP 布与木材的协调变形性能，图 6-24 对比了试件在 C1 和 C7 测点处 CFRP 布与木材的横向应变。在各加载循环的峰值位移处，CFRP 布横向应变与相应测点木材的横向应变对应得较好，尤其是在图 6-24（a）、（c）和（d）中二者的差值极小。仅在图 6-24（b）中，测点 T2 与 C1 处的应变采集结果存在一定的差别，但是变化趋势相近。测点位置的差别、CFRP 布的施工质量等可能造成应力滞后。且图中部分曲线的下降段 CFRP 布与木材应变仍具有较好的对应关系，进一步验证了二者之间可靠的黏结性能。CFRP 布能够与木材协调变形，并可以约束木材的横向变形，进而提升木柱的工作性能。

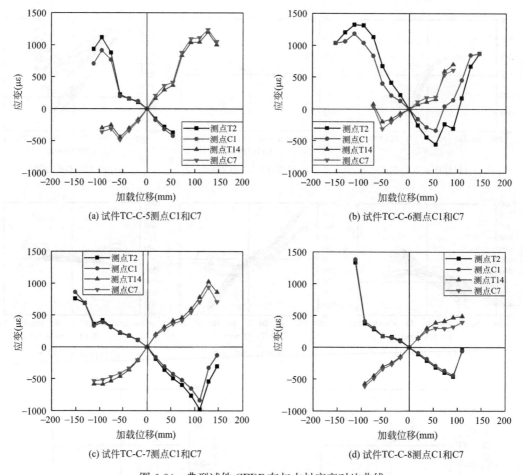

(a) 试件TC-C-5测点C1和C7

(b) 试件TC-C-6测点C1和C7

(c) 试件TC-C-7测点C1和C7

(d) 试件TC-C-8测点C1和C7

图 6-24　典型试件 CFRP 布与木材应变对比曲线

# 6.5　不同截面形状木柱抗震性能对比

## 6.5.1　方形截面木柱试验概况

方形木柱的试验概况完全根据圆形截面木柱的试验研究确定。基于原型木柱尺寸，采用 1∶3.6 的比例，参考圆形木柱的截面直径确定方形木柱的边长为 270mm，计算高度为 1770mm。继续以内嵌钢筋数量和 CFRP 布加固量为变量，作者设计制作了 8 根方形木柱试件，加固方案与圆形木柱完全一致，具体如图 6-25 和表 6-3 所示，详尽说明了加固木柱的制作方法，制作完备的方形木柱试件在实验室环境中约养护 7d，便可进行往复加载试验。

在试验用材方面，方形木柱的原木、内嵌钢筋和外包 CFRP 布均与圆形木柱源于同一批材料，具体参数指标可参考 6.2.1 节。方形木柱沿用圆形截面木柱的试验装置，具体如图 6-26 所示。方形木柱布置于两个方形竖板之间，钢质支座同样通过高强螺栓连接形成

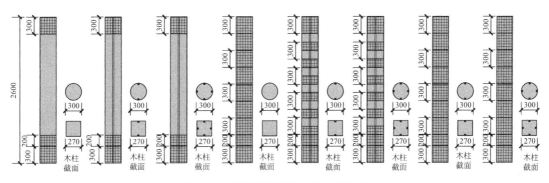

图 6-25　不同截面形状木柱加固方案

**方形木柱试件参数设计**　　　表 6-3

| 试件编号 | 内嵌钢筋数量（根） | CFRP 布加固量 | 具体加固说明 |
|---|---|---|---|
| TC-R-1 | 0 | 无 | 对比试件 |
| TC-R-2 | 2 | 无 | 仅内嵌 2 根钢筋 |
| TC-R-3 | 4 | 无 | 仅内嵌 4 根钢筋 |
| TC-R-4 | 0 | 全柱身黏贴 | 全柱身黏贴 CFRP 布未嵌筋 |
| TC-R-5 | 2 | 间隔黏贴 | 间隔黏贴 CFRP 布嵌 2 根钢筋 |
| TC-R-6 | 4 | 间隔黏贴 | 间隔黏贴 CFRP 布嵌 4 根钢筋 |
| TC-R-7 | 2 | 全柱身黏贴 | 全柱身黏贴 CFRP 布嵌 2 根钢筋 |
| TC-R-8 | 4 | 全柱身黏贴 | 全柱身黏贴 CFRP 布嵌 4 根钢筋 |

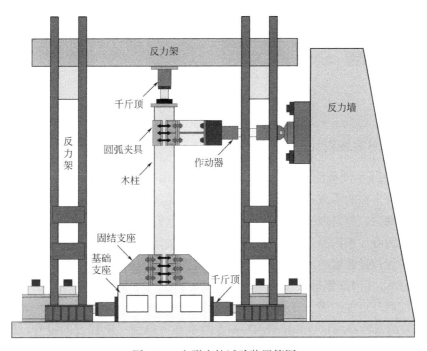

图 6-26　方形木柱试验装置简图

固结支座，固结支座放置于基础支座之上，两个支座通过锚杆与地面固定，可确保可靠的边界条件。除此之外，加载制度和数据测量内容均与圆形木柱完全一致，细节可参考6.2.3节。

### 6.5.2 破坏形态对比

初始加载并无明显试验现象，随着水平加载位移的增加，试件发出木纤维的挤压和错动声响。伴随着往复循环位移的持续增大，CFRP布也产生撕裂声。当试件水平位移达到一定数值后，伴随着巨大的响声，木柱受拉侧木纤维发生脆性断裂，承载力骤降。木材的拉、压强度较为接近，复合加固方法能够提升木材的抗压强度，但对抗拉强度的改善有限，因此加固木柱易发生木材纤维的拉裂破坏。继续加载，木材纤维的挤压、错动、断裂声响连续不断，木柱的承载力呈下降趋势。一旦木材纤维受拉断裂，柱身整体变形较小，试件表现出沿着破坏区域发生转动的趋势，其变形主要集中于木柱的损伤、破坏区域。圆形与方形木柱的试验现象相近，破坏形态相同，均表现为邻近固结区域木材的脆性拉裂，如图6-27所示。相比于对比试件，复合加固后，木柱的承载力提高，其破坏发生于90mm之后的加载循环，且极限位移可达到144mm以上。因此，复合加固方法可以提升木柱的承载能力和变形能力。

| (a) 试件TC-C-5 | (b) 试件TC-C-7 | (c) 试件TC-R-5 | (d) 试件TC-R-3 |

图6-27 试件破坏形态对比

### 6.5.3 滞回曲线对比

图6-28对比了不同截面形状木柱的滞回曲线，由各组试件的试验结果可知，复合加固方法能够提升木柱的承载和变形能力。由图6-28（a）～（c）可知，内嵌钢筋可以提高木柱的抗侧承载力，但是内嵌2根和4根钢筋试件的承载力相近，其他组试件也表现出相似的规律。因为有2根钢筋布置于木柱截面的中性轴附近，其对试件承载力的贡献较小，可知钢筋的布设位置会影响木柱的抗侧性能。由图6-28（b）、（e）、（g）和图6-28（c）、（f）、（h）可知，当内嵌钢筋数量一定时，随着CFRP布加固量的增加，试件的承载力得到提升，且滞回环更加饱满，表明木柱的耗能能力得到改善。图6-28（d）为全柱身黏贴CFRP布试件的滞回曲线，可知试件TC-C-4的承载力得到一定程度的提升，但是由于发生脆性拉裂，其耗能较差。该木柱的初始缺陷较多，从而发生脆性破坏，加固木柱的抗侧性能明显受到木材材性的影响。

　　不同截面形状加固木柱的滞回曲线存在一定的差异。图 6-28（b）和（c）表明在仅嵌筋加固条件下，圆形木柱的承载力更高，而方形木柱的变形能力更优。由于木材初始缺陷的影响，试件 TC-C-4 发生了显著的脆性破坏，而试件 TC-R-4 经历更多的加载循环后，表现出更好的耗能和变形特性。图 6-28（e）和（f）给出了内嵌钢筋间隔黏贴 CFRP 布加固木柱的滞回曲线，圆形与方形木柱的曲线分布基本一致，但仍可以观察出圆形木柱的承载力更高，而方形木柱的变形能力更优。图 6-28（g）和（h）中，不同截面形状木柱的滞回曲线也表现出相近的规律。复合加固方法对不同截面形状木柱的加固效果有所差别，圆形木柱承载力的提升更加显著，而方形木柱变形能力的改善更加明显。

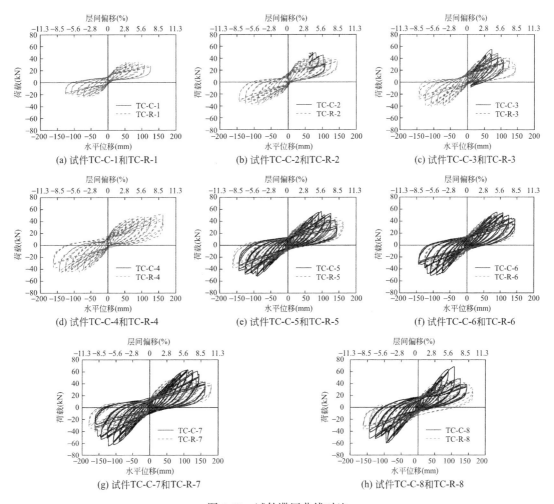

图 6-28　试件滞回曲线对比

　　为了进一步对比加固木柱的抗震性能，基于滞回曲线，图 6-29 给出了各组试件的骨架曲线。图 6-29（a）是仅嵌筋加固木柱的骨架曲线对比，图 6-29（b）为间隔布置 CFRP 布试件的曲线分布，全柱身黏贴 CFRP 布试件的相应曲线绘制于图 6-29（c）中。由各组试件骨架曲线的分布规律可知，复合加固方法能够显著提升木柱的承载和变形能力。由于布设位置的影响，增加内嵌钢筋数量不能有效提升木柱的承载力，而随着 CFRP 布加固量的增加，木柱的水平承载力提升显著。对比不同截面形状木柱的骨架曲线可知，圆形木柱的峰值荷载普遍高于方形木柱的数值，由于较高的荷载作用，圆形木柱的脆性破坏更加剧烈，因而方形木柱表现出更好的变形能力。圆形木柱的骨架曲线基本能够包络方形木柱的曲线，可知复合加固方法对圆形木柱的加固效果更优。

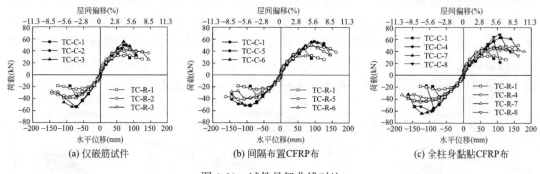

图 6-29　试件骨架曲线对比

### 6.5.4　刚度退化对比

采用割线刚度表征试件在每一圈加载循环后的有效刚度，并定义刚度退化系数为各级加载循环有效刚度与第一圈加载循环有效刚度的比值，进而得到各组试件的刚度退化系数曲线，如图 6-30 所示。随着加载的不断推进，试件的刚度退化系数不断减小，且加载初期刚度的退化现象明显，加载中后期加固木柱的刚度退化有所缓和。初始加载时，在水平荷载作用下，试件的变形主要表现为底部固结区域木材的横向压缩，由于木材的横纹抗压强度较小，随着其横纹变形和损伤的累积，试件表现出较明显的刚度退化现象。加载中期，试件的刚度退化现象有所缓和，该阶段试件的变形以木材顺纹方向的拉伸和压缩为主。试验后期，由于试件发生了木材纤维的拉裂破坏，故刚度退化系数呈现出骤降的现象。复合加固木柱的刚度退化过程较缓，但是当试件发生损伤破坏时，有效刚度同样下降显著。复合加固方法可以在一定程度上延缓木柱的刚度退化进程，但是由于试件数量有限，不同加固工况试件之间刚度退化系数的差别不明显。由图中不同截面形状木柱的刚度退化系数曲线分布可知，在相同工况下，圆形木柱的刚度退化系数大于方形木柱的相应数值，表明方形加固木柱的刚度退化现象更加明显。就刚度退化现象而言，复合加固方法对圆形木柱的加固效果更优。

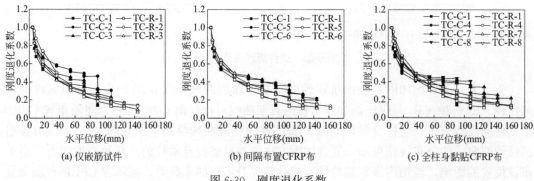

图 6-30　刚度退化系数

### 6.5.5 耗能性能对比

本书采用等效黏滞阻尼系数评价各加固木柱的耗能性能，图 6-31 为试验过程中不同加载循环下，试件的等效黏滞阻尼系数分布曲线。各试件的曲线呈现先减小后增大的分布规律，初始加载阶段，木柱主要通过木材的横纹压缩耗能，随着压缩量的稳定，试件的耗能逐渐下降。继续循环加载，试件通过木材的挤压错动、裂缝的开展和延伸、顺纹木纤维的变形和损伤等耗能，进而等效黏滞阻尼系数呈增大趋势。当试件发生木材纤维的受拉断裂时，由于通过自身的破坏耗能，等效黏滞阻尼系数曲线出现突增。加固木柱底部发生木材纤维的脆性断裂后，在破坏区域附近形成类似"塑性铰"的转动区域，随着水平加载位移的增加，木柱通过破坏区域木材纤维的挤压、错动和断裂耗散能量，因而等效黏滞阻尼系数呈上升的分布特征。复合加固方法可以延缓试件破坏的进程，提升木柱的变形能力，增加耗能效率，进而改善木柱的抗震性能。对比图 6-31 中不同截面形状加固木柱的等效黏滞阻尼系数，相同条件下方形木柱的系数普遍大于圆形木柱的数值。仅当圆形木柱发生破坏时，其等效黏滞阻尼系数大于方形木柱。方形木柱能够经历更多的加载循环，进而增加了试件的累积耗能。因此，相比于圆形木柱，方形加固木柱表现出更好的耗能性能。

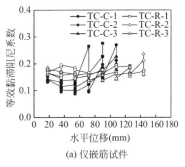
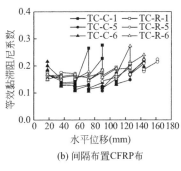
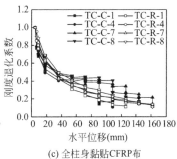

(a) 仅嵌筋试件　　　　　　　(b) 间隔布置CFRP布　　　　　　(c) 全柱身黏贴CFRP布

图 6-31　等效黏滞阻尼系数

### 6.5.6 加固材料应变分析

根据试验应变数据，作者绘制了内嵌钢筋的应变-位移滞回曲线，如图 6-32 所示。内嵌两根钢筋的试件，给出了 S1 和 S3 测点处的钢筋应变曲线；内嵌四根钢筋的试件，则给出了 S1 和 S2 测点处的曲线。同时，将相同工况下不同截面形状木柱内嵌钢筋的应变曲线对比于同一幅图中，由于试验过程中数据丢失，未给出试件 TC-R-7 的曲线。由图可知，钢筋的应变-位移滞回曲线与试件的荷载-位移滞回曲线形态相近，在一定程度上反映了试件的变形和破坏特征。

由图 6-32（a）、（c）、（e）和（g）可知，钢筋的应变曲线呈"S"形的分布特征，与整个试件的滞回曲线分布相似。由此可知，内嵌钢筋能够与木柱协同工作，提升其抗震性能。图 6-32（b）和（f）中的曲线表现为反"S"形的分布，与木柱的实际工作状态相吻合。当试件发生破坏后，钢筋的变形突增，应变片发生破坏，故图中仅给出钢筋的部分应变分布曲线。图 6-32（d）和（h）给出了试件在 S2 测点处钢筋的应变曲线，可知试件发生破坏前，钢筋的应变接近于零，但具有一定的数值。由于 S2 测点位于试件截面的中心线，靠近截面的中性轴，因而呈现上述分布特征。试验中加固木柱截面的中性轴和中心线不重合，试件 TC-C-8 在 S2 测点处的钢筋一直处于受拉状态，表明内嵌钢筋始终处于木柱截面的受拉区。不同截面形状木柱的钢筋应变分布特征相近，针对不同截面形状木柱，内嵌钢筋均能够发挥一定的加固效果。

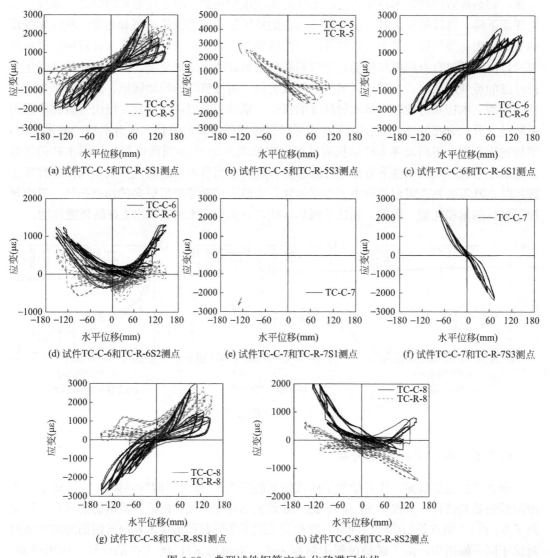

图 6-32　典型试件钢筋应变-位移滞回曲线

注：(e) (f) 两图中，因传感器损坏，故没有相应数据。

　　基于试验中采集得到的 CFRP 布应变数据，能够绘制往复荷载作用下，CFRP 布的应变-位移滞回曲线，具体如图 6-33 所示。由于试验中应变测点较多，且 C1 和 C2 测点与 C3 和 C4 测点位置相对应，因而曲线分布相似，故图中仅给出典型试件在 C1 和 C2 测点处 CFRP 布的应变分布曲线。在水平往复荷载作用下，C1 测点处的木材产生正截面的拉伸变形和压缩变形，在环向发生相应的压缩作用和拉伸作用，因而 CFRP 布随之产生张拉应变和压缩应变。在试验过程中，加固木柱主要受到水平方向的荷载作用，由于木柱正截面应力较小，木材的横向膨胀不显著，CFRP 布的应变较小。由图 6-33（e）中试件 TC-C-7 的应变曲线可知，当水平加载位移接近 60mm 时，试件发生破坏，故 CFRP 布的应变发生突增，且不可恢复。在后续加载循环中，CFRP 布应变在突增应变的基础上继续发展。C2 测点位于木柱截面中心线，靠近中性轴，所受正截面应力较小，进而 CFRP 布的应变较小，基本均低于 $600\mu\varepsilon$。基于 CFRP 布应变曲线可知，当木材局部发生较大变形时，CFRP 布能够有效约束木材的横向膨胀，从而延缓木柱破坏的进程，在一定程度上提升了木柱的抗侧能力。

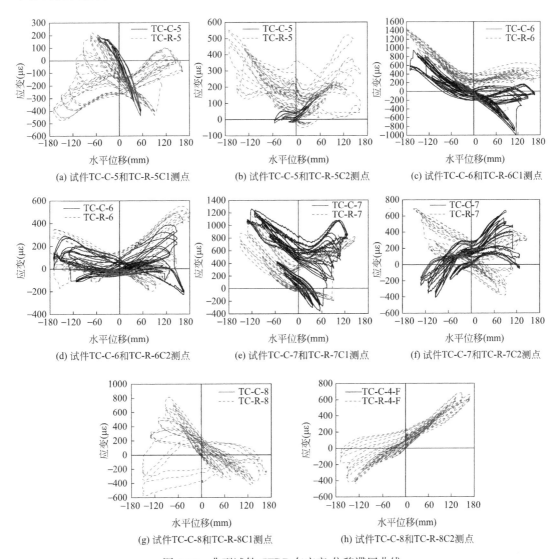

图 6-33 典型试件 CFRP 布应变-位移滞回曲线

# 7 复合加固木柱恢复力模型及抗震性能数值分析

## 7.1 引言

复合加固木柱的抗震性能试验研究表明，复合加固方法能够提升木柱的抗震性能。目前缺乏有关复合加固木柱抗震性能的试验和理论研究，因而鲜有研究涉及复合加固木柱的恢复力模型。简洁而精确的恢复力模型能够展现加固木柱的滞回特性，反映其抗震性能，进而可以指导复合加固木柱的抗震加固设计。因此，有必要开展相应的理论研究，并建立复合加固木柱的抗震恢复力模型，为该新型加固方法的工程实践提供坚实的理论支撑。虽然本书第 6 章完成了复合加固木柱的抗震性能试验，但是由于条件所限，并没有充分对加固方法进行参数分析，这将影响到实际工程中加固方法的选取和确定。有限元数值模拟是进行参数分析的重要手段，在节约成本的条件下，可以得到较为可靠的计算结果。考虑到目前有关复合加固木柱抗震性能研究开展得不够充分，有必要建立精确的有限元模型，并对加固方法进行参数分析，进而指导具体的加固工程。

为建立复合加固木柱的抗震恢复力模型和有限元数值模型，本章开展了相应的理论和模拟研究。首先，基于试验研究，进行了水平往复荷载作用下木柱截面的受力分析，进而通过理论分析和拟合计算得到复合加固木柱的荷载-位移骨架曲线，并将理论曲线与试验结果进行对比验证。其次，给出加固木柱的滞回规则，通过对试验数据的拟合分析得到滞回曲线的卸载刚度，确定复合加固木柱的恢复力模型。之后，基于 OpenSees 有限元软件，建立复合加固木柱的数值分析模型，并验证模型的可靠性。最后，通过有限元模型探究竖向荷载、内嵌钢筋的直径和数量等因素对木柱抗震性能的影响，进而为木柱的复合加固设计提供参考。需要强调的是，本章仅建立圆形截面木柱的理论和有限元模型，由于方形截面木柱的试验结果具有显著的离散性，故本章不讨论方形木柱的相关内容。后续研究将着重关注方形木柱的滞回性能。

## 7.2 荷载-位移骨架曲线

### 7.2.1 材料本构模型

内嵌钢筋外包 CFRP 布复合加固木柱受压本构模型采用第 5 章得到的三折线型受压应

力-应变关系曲线，具体计算如式（7-1）所示。式中，参数 $f_{cc}$ 和 $\varepsilon_{cc}$ 可分别通过式（5-16）和式（5-23）确定；斜率相关系数 $E_0$、$E_1$ 和 $E_2$ 可通过式（5-20）、式（5-24）和式（5-26）计算得到。图 7-1 为复合加固木柱轴心受压应力-应变关系模型。

$$\sigma = \begin{cases} E_0\varepsilon & (0 < \sigma \leqslant f_{co}) \\ f_{cc} - E_1(\varepsilon_{cc} - \varepsilon) & (f_{co} < \sigma \leqslant f_{cc}) \\ f_{cc} - E_2(\varepsilon - \varepsilon_{cc}) & (\varepsilon_{cc} \leqslant \varepsilon < \varepsilon_{cu}) \end{cases} \tag{7-1}$$

式中　　$E_0$——仅嵌筋木柱的受压弹性模量；

　　　　$f_{cc}$——复合加固木柱受压峰值应力（MPa）；

　　　　$\varepsilon_{cc}$——对应的峰值应变；

$E_0$、$E_1$、$E_2$——斜率相关系数。

钢筋本构模型选用二折线应力-应变关系模型，其计算表达式见式（7-2），分布曲线如图 7-2 所示。

$$\sigma_s = \begin{cases} E_s\varepsilon_s & (\varepsilon_s \leqslant \varepsilon_y) \\ f_y + E_s'(\varepsilon_s - \varepsilon_y) & (\varepsilon_y < \varepsilon_s \leqslant \varepsilon_u) \end{cases} \tag{7-2}$$

式中　$\varepsilon_y$、$\varepsilon_u$——钢筋的屈服应变和极限应变；

　　　　$f_y$——钢筋的屈服强度（MPa）；

　　　　$E_s$——钢筋的弹性模量（MPa）；

　　　　$E_s'$——强化模量（MPa），其计算式为 $E_s' = 0.06E_s$。

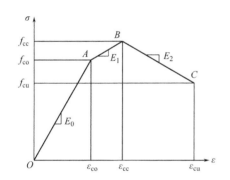

图 7-1　复合加固木柱受压应力-应变模型

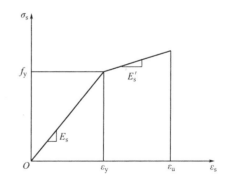

图 7-2　钢筋应力-应变模型

## 7.2.2　截面受力分析

假设木柱截面满足平截面假定，则可得到木柱截面的应力应变分布，如图 7-3 所示，对内嵌 2 根钢筋的加固木柱进行分析。计算中，受压区和受拉区木材均采用条带法进行积分计算，条带高度分别为 dx 和 dy，则通过计算可知条带的宽度分别为 $2\sqrt{300x - x^2}$ 和 $2\sqrt{300y - y^2}$。由材料力学基本原理可知，受压侧木材的最大应变为 $\varepsilon_c$，受压钢筋的应变为 $\varepsilon_{s2}$，受压积分条带 dx 处的应变为 $((h-x)/h)\varepsilon_c$；受拉侧木材的最大拉应变为 $\varepsilon_t$，受拉钢筋的应变为 $\varepsilon_{s1}$，而受拉木材积分条带 dy 处的应变则为 $[(300 - h - y)/(300 - h)]\varepsilon_t$。对截面应力进行分析，受压钢筋的压力大小为 $A_{s2}\sigma_{s2}$，受压区木材积分条带的压

力值为 $2\sqrt{300x-x^2}\,\sigma_c'\mathrm{d}x$；受拉钢筋的拉力大小为 $A_{s1}\sigma_{s1}$，受拉区木材积分条带处的拉力值为 $2\sqrt{300y-y^2}\,\sigma_t'\mathrm{d}y$。木材最大压应变与拉应变之间存在式（7-3）所示的计算关系；受压钢筋应变与木材最大压应变的关系列于式（7-4）之中；受拉钢筋应变与木材最大压应变的关系如式（7-5）所示。

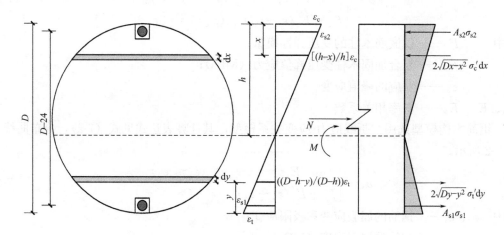

图 7-3　木柱截面受力分析

$$\varepsilon_t=\frac{300-h}{h}\varepsilon_c \tag{7-3}$$

$$\varepsilon_{s2}=\frac{h-12}{h}\varepsilon_c \tag{7-4}$$

$$\varepsilon_{s1}=\frac{288-h}{h}\varepsilon_c \tag{7-5}$$

基于截面力的平衡，可建立轴力平衡方程，具体如式（7-6）所示。方程考虑木材纤维的拉力和压力，还有钢筋的拉压作用，在钢筋混凝土柱截面的平衡分析中，则不考虑混凝土的受拉。根据给定的应变值，基于木材和钢筋的拉压本构关系，可通过式（7-6）计算木柱截面的受压区高度。

$$N=\int_0^h 2\sqrt{300x-x^2}\,\sigma_c'(\varepsilon_c')\mathrm{d}x+A_{s2}\sigma_{s2}$$
$$-\int_0^{300-h}2\sqrt{300y-y^2}\,\sigma_t'(\varepsilon_t')\mathrm{d}y-A_{s1}\sigma_{s1} \tag{7-6}$$

在确定截面受压区高度 $h$ 后，根据力矩平衡条件，可建立弯矩平衡方程，如式（7-7）所示。进而可通过力矩平衡方程确定截面弯矩的大小 $M$。

$$M=\int_0^h 2\sqrt{300x-x^2}\,\sigma_c'(\varepsilon_c')(300-x)\mathrm{d}x+A_{s2}\sigma_{s2}\cdot(300-12)$$
$$-\int_0^{300-h}2\sqrt{300y-y^2}\,\sigma_t'(\varepsilon_t')y\mathrm{d}y-A_{s1}\sigma_{s1}\cdot12-N\cdot150 \tag{7-7}$$

为验证截面内力计算方法的可靠性，将木材与钢筋的应变测量数据与理论计算结果进行对比。选取在不同加载循环中达到最大位移时，木柱底部区域木材与钢筋的拉、压应变实测值，并将其与理论计算结果进行比较，分别将不同加固工况木柱的对比结果列于

表 7-1～表 7-4。

**TC-C-5 试件材料理论应变与试验值对比**　　　　表 7-1

| 木材受压应变($\mu\varepsilon$) | 木材受拉应变计算值($\mu\varepsilon$) | 木材受拉应变试验值($\mu\varepsilon$) | 误差(%) | 钢筋受拉应变计算值($\mu\varepsilon$) | 钢筋受拉应变试验值($\mu\varepsilon$) | 误差(%) | 钢筋受压应变计算值($\mu\varepsilon$) | 钢筋受压应变试验值($\mu\varepsilon$) | 误差(%) |
|---|---|---|---|---|---|---|---|---|---|
| −746.4 | 539.5 | 699.7 | −22.9 | 488.0 | 661.7 | −26.2 | −695.0 | −642.3 | 8.2 |
| −1373.4 | 1107.3 | 1264.4 | −12.4 | 1008.1 | 1207.0 | −16.5 | −1274.2 | −1183.8 | 7.6 |
| −1860.6 | 1548.1 | 1818.9 | −14.9 | 1411.8 | 1731.3 | −18.5 | −1724.3 | −1743.2 | −1.1 |
| −2360.5 | 2000.5 | 2390.2 | −16.3 | 1826.1 | 2273.7 | −19.7 | −2186.0 | −1980.5 | 10.4 |

**TC-C-6 试件材料理论应变与试验值对比**　　　　表 7-2

| 木材受压应变($\mu\varepsilon$) | 木材受拉应变计算值($\mu\varepsilon$) | 木材受拉应变试验值($\mu\varepsilon$) | 误差(%) | 钢筋受拉应变计算值($\mu\varepsilon$) | 钢筋受拉应变试验值($\mu\varepsilon$) | 误差(%) | 钢筋受压应变计算值($\mu\varepsilon$) | 钢筋受压应变试验值($\mu\varepsilon$) | 误差(%) |
|---|---|---|---|---|---|---|---|---|---|
| −585.6 | 432.4 | 581.1 | −25.6 | 391.7 | 568.4 | −31.1 | −544.9 | −597.5 | −8.8 |
| −980.6 | 804.3 | 1104.2 | −27.2 | 732.9 | 1038.0 | −29.4 | −909.2 | −1008.8 | −9.9 |
| −1511.2 | 1303.5 | 1668.4 | −21.9 | 1190.9 | 1538.4 | −22.6 | −1398.6 | −1600.5 | −12.6 |
| −1689.0 | 1470.8 | 2109.4 | −30.3 | 1344.4 | 1927.1 | −30.2 | −1562.6 | −1789.9 | −12.7 |

**TC-C-7 试件材料理论应变与试验值对比**　　　　表 7-3

| 木材受压应变($\mu\varepsilon$) | 木材受拉应变计算值($\mu\varepsilon$) | 木材受拉应变试验值($\mu\varepsilon$) | 误差(%) | 钢筋受拉应变计算值($\mu\varepsilon$) | 钢筋受拉应变试验值($\mu\varepsilon$) | 误差(%) | 钢筋受压应变计算值($\mu\varepsilon$) | 钢筋受压应变试验值($\mu\varepsilon$) | 误差(%) |
|---|---|---|---|---|---|---|---|---|---|
| −681.1 | 496.5 | 602.9 | −17.7 | 449.4 | 631.1 | −28.8 | −634.0 | −683.3 | −7.2 |
| −1308.9 | 1077.7 | 1085.9 | −0.8 | 982.2 | 1135.0 | −13.5 | −1213.4 | −1326.7 | −8.5 |
| −1879.0 | 1605.2 | 1585.0 | 1.3 | 1465.8 | 1632.3 | −10.2 | −1739.6 | −1888.4 | −7.9 |
| −2296.7 | 1991.6 | 2074.1 | −4.0 | 1820.1 | 2096.6 | −13.2 | −2125.1 | −2291.8 | −7.3 |
| −2606.4 | 2276.3 | 2638.9 | −13.7 | 2081.0 | 2565.4 | −18.9 | −2411.1 | −2437.9 | −1.1 |

**TC-C-8 试件材料理论应变与试验值对比**　　　　表 7-4

| 木材受压应变($\mu\varepsilon$) | 木材受拉应变计算值($\mu\varepsilon$) | 木材受拉应变试验值($\mu\varepsilon$) | 误差(%) | 钢筋受拉应变计算值($\mu\varepsilon$) | 钢筋受拉应变试验值($\mu\varepsilon$) | 误差(%) | 钢筋受压应变计算值($\mu\varepsilon$) | 钢筋受压应变试验值($\mu\varepsilon$) | 误差(%) |
|---|---|---|---|---|---|---|---|---|---|
| −697.9 | 564.4 | 554.1 | 1.8 | 513.9 | 526.8 | −2.5 | −647.4 | −646.5 | 0.1 |
| −1339.7 | 1189.5 | 1011.8 | 17.6 | 1088.3 | 1011.6 | 7.6 | −1238.6 | −1274.9 | −2.8 |
| −1822.9 | 1659.9 | 1565.7 | 6.0 | 1520.6 | 1558.5 | −2.4 | −1683.6 | −1882.7 | −10.6 |
| −2279.6 | 2104.5 | 2073.2 | 1.5 | 1929.2 | 2034.9 | −5.2 | −2104.2 | −2411.1 | −12.7 |
| −2653.5 | 2466.4 | 2650.8 | −6.9 | 2261.6 | 2569.2 | −12.0 | −2448.7 | −2480.4 | −1.3 |

　　由木材受拉应变的理论与实测结果对比可知，理论计算能够较好地预测木柱底部木材的受拉应变，其误差基本在 15% 左右，仅试件 TC-C-6 的预测误差较大。由于木材材料性

能不可避免地存在离散特性，木材的受拉性能对其初始缺陷较为敏感，在初始缺陷影响下木材的受拉强度和弹性模量均会降低，因此会产生一定的计算误差。由钢筋受拉应变的计算与实测数据对比可知，在水平荷载较大、应变发展充分的情况下，理论计算应变与试验值较为接近，但存在一定的差异。由于实际试验中木材的受拉应变较大，而钢筋与木材之间具有良好的黏结性能，因此，钢筋在变形协调作用下的拉伸变形较大，导致其实测受拉应变普遍大于其理论计算结果。由钢筋压应变的理论计算与实测结果对比可知，模型计算方法能够较好地预测相应的应变数据，其计算误差基本均小于 15%。采用截面条带法计算木柱截面内力具有可行性，可采用该方法计算加固木柱的水平承载力。

### 7.2.3 骨架曲线

图 7-4 为复合加固木柱的骨架曲线模型，其中 OA 段定义为名义弹性段，AB 段为弹塑性阶段，BC 段为曲线下降段。由试验结果可知，试验加载初期木柱处于弹性工作阶段，由于木材横纹方向的弹性模量和抗压强度较小，位于杯口支座区域的木材受到挤压作用，易发生变形和损伤，进而木柱底部会产生轻微转动。在该变形状态下，加固木柱进入骨架曲线模型 AB 段。当试件的水平承载力达到峰值后，随着荷载的下降，骨架曲线进入下降段。通过计算 A 点和 B 点的坐标以及 BC 段曲线的斜率，可以确定复合加固木柱的骨架曲线分布。

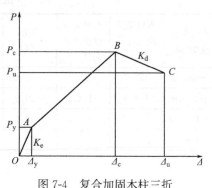

图 7-4　复合加固木柱三折线型骨架曲线模型

由试验结果可知，复合加固木柱基本在 2.25mm 的水平位移加载循环后进入 AB 段工作。因此，在模型计算中，取名义屈服位移为 2.25mm。将试验木柱视作悬臂梁，由材料力学基本原理，基于名义屈服位移，可确定木柱底部固结区的截面曲率，具体计算可参照式（7-8）。同时，截面曲率能够反映截面受压区最大压应变与受压区高度的关系，如式（7-9）所示。基于名义屈服位移与截面受力信息的关系，结合式（7-6）和式（7-7）可计算确定名义屈服荷载 $P_y$，随即确定 A 点的坐标（$\Delta_y$，$P_y$）：

$$d = \varphi \frac{H^2}{3} \tag{7-8}$$

式中　$d$——木柱加载点的水平位移（mm）；

　　　$\varphi$——截面曲率（$\text{mm}^{-1}$）；

　　　$H$——木柱的高度（mm）。

$$\varphi = \frac{\varepsilon_c}{h} \tag{7-9}$$

式中　$\varepsilon_c$——木柱截面受压区最大压应变；

　　　$h$——截面受压区高度（mm）。

通过拟合计算确定复合加固木柱三折线型骨架曲线的峰值位移 $\Delta_c$，建立 AB 段在横坐标上投影与名义屈服位移的比值和各加固参数的关系，具体如式（7-10）所示。以内嵌钢筋的配筋率和 CFRP 的体积配布率为自变量，基于试验数据的拟合计算，最终确定各加固工况木柱的峰值位移 $\Delta_c$。

$$\frac{\Delta_c - \Delta_y}{\Delta_y} = n_1 + n_2 \rho_{steel} + n_3 \rho_{CFRP} \quad (7\text{-}10)$$

式中　$n_1$、$n_2$、$n_3$——拟合系数；

　　　$\rho_{steel}$——配筋率；

　　　$\rho_{CFRP}$——体积配布率。

复合加固木柱均表现为受拉侧木纤维的断裂破坏，当截面木材最大拉应变达到其极限时，截面承载力即达到峰值。因此，根据截面受力分析，可结合式（7-6）和式（7-7）确定加固木柱的水平峰值荷载。参照式（7-11），根据截面内力计算得到的弯矩 $M$ 和拟合计算确定的峰值位移 $\Delta_c$，可最终确定加固木柱的峰值荷载 $P_c$，随即确定模型曲线 $B$ 点的坐标（$\Delta_c$，$P_c$）。

$$P = \frac{M - Nd}{H} \quad (7\text{-}11)$$

式中　$M$——截面弯矩（MPa）；

　　　$N$——竖向荷载（kN）；

　　　$d$——加载点水平位移（mm）；

　　　$H$——柱高（mm）。

在加固木柱达到水平荷载峰值后，由于受拉侧木纤维的断裂破坏，水平承载力下降幅度较大。由于材料性能和试验离散性影响，各试件骨架曲线下降段分布不一，但仍可以通过试验数据的拟合分析确定下降段斜率，从而得到完整模型曲线。考虑内嵌钢筋配筋率和CFRP 布体积配布率的影响，基于试验数据，按照式（7-12）对复合加固木柱下降段刚度进行拟合，最终可确定计算加固木柱骨架曲线下降段斜率的经验公式。

$$K_d = m_1 + m_2 \rho_{steel} + m_3 \rho_{CFRP} \quad (7\text{-}12)$$

式中　$m_1$、$m_2$、$m_3$——拟合系数；

　　　$\rho_{steel}$——配筋率；

　　　$\rho_{CFRP}$——体积配布率。

表 7-5 和表 7-6 为各复合加固试件，名义屈服荷载、峰值荷载和峰值位移的理论计算与试验结果对比。由对比结果可知，峰值位移理论值与试验结果吻合较好，表明经验公式能够反映峰值位移的分布规律。各加固工况木柱的理论计算峰值荷载同样与试验结果相近，可知采用截面受力分析计算试件的水平峰值荷载是可行的。表中名义屈服荷载的计算与试验结果存在差别，虽然计算误差较大，但是考虑到荷载等级较小，计算结果与试验数值较为相近。而且由于试验中正、负向加载的不对称性，试验结果会对理论计算产生一定的干扰。由于试件均表现为脆性破坏，且受初始缺陷影响，木柱的破坏位置存在一定的差异。因此，试验骨架曲线下降段分布规律不一，导致模型曲线下降段分布不可避免地与试验结果产生差别。需要开展后续的试验与模拟研究，以进一步探索骨架曲线下降段的分布规律。

关键点理论计算与试验结果对比（正向加载）　　　　　　　　　表 7-5

| 试件编号 | $P_y$(kN) | | | $\Delta_c$(mm) | | | $P_c$(kN) | | |
|---|---|---|---|---|---|---|---|---|---|
| | 试验 | 理论 | 误差% | 试验 | 理论 | 误差% | 试验 | 理论 | 误差% |
| TC-C-5 | 6.47 | 5.24 | −19.0 | 89.16 | 85.05 | −4.6 | 56.29 | 57.09 | 1.4 |

| 试件编号 | $P_y$(kN) | | | $\Delta_c$(mm) | | | $P_c$(kN) | | |
|---|---|---|---|---|---|---|---|---|---|
| | 试验 | 理论 | 误差% | 试验 | 理论 | 误差% | 试验 | 理论 | 误差% |
| TC-C-6 | 8.87 | 6.64 | −25.1 | 89.73 | 88.89 | −0.9 | 54.96 | 61.14 | 11.2 |
| TC-C-7 | 6.27 | 6.35 | 1.6 | 111.56 | 99.07 | −11.2 | 63.44 | 58.92 | −7.1 |
| TC-C-8 | 8.15 | 6.76 | −18.2 | 107.24 | 102.91 | −4.0 | 68.34 | 63.56 | −7.0 |

**关键点理论计算与试验结果对比（负向加载）**　　　　　　　　　　表 7-6

| 试件编号 | $P_y$(kN) | | | $\Delta_c$(mm) | | | $P_c$(kN) | | |
|---|---|---|---|---|---|---|---|---|---|
| | 试验 | 理论 | 误差% | 试验 | 理论 | 误差% | 试验 | 理论 | 误差% |
| TC-C-5 | −3.91 | −5.24 | 34.0 | −89.96 | 85.05 | −5.5 | −51.96 | −57.09 | 10.1 |
| TC-C-6 | −3.28 | −6.64 | 102.4 | −89.78 | 88.89 | −1.0 | −51.02 | −61.14 | 19.8 |
| TC-C-7 | −3.51 | −6.35 | 80.9 | −122.11 | 99.07 | −18.9 | −64.34 | −58.92 | −8.4 |
| TC-C-8 | −3.87 | −6.76 | 74.7 | −94.21 | 102.91 | −9.2 | −59.93 | −63.56 | 6.1 |

通过对复合加固木柱骨架曲线关键点的求解，可以得到其模型计算曲线，将理论与试验曲线进行对比，图 7-5 所示为对比结果。理论计算模型能够较好地预测试验骨架曲线上

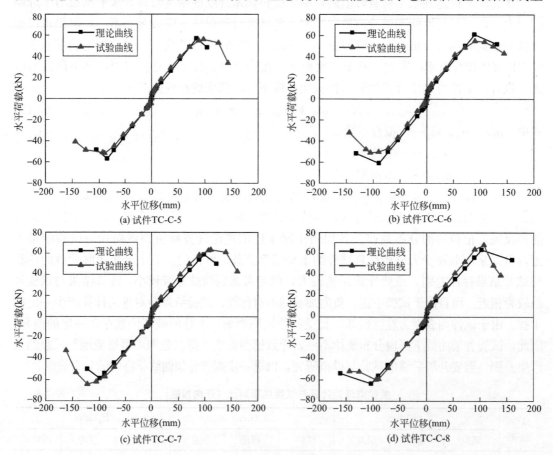

图 7-5　理论与试验骨架曲线对比

升段以及峰值荷载和峰值位移的分布特征。模型计算曲线下降段在一定程度上能够反映试验下降段曲线的分布规律，表现骨架曲线的软化进程。因此，所得复合加固木柱三折线型骨架曲线具有可靠性，该理论模型可应用于恢复力模型的建立。

# 7.3 恢复力模型

## 7.3.1 滞回规则

参照钢筋混凝土相关研究可知，为了对结构构件进行全过程的动力分析，需要得到在反复荷载作用下材料或构件截面的本构关系，进而更加准确地分析结构或构件的地震响应。该荷载-位移或者是转角-曲率的本构关系又称为恢复力模型。目前对钢筋混凝土结构恢复力模型的研究较为充分，其中 Clough 的三线型退化恢复力模型能够反映构件截面的刚度退化和捏拢现象，且滞回规则简单，计算效率较高，因而极具代表性。图 7-6 所示为 Clough 恢复力模型，其滞回规则主要有以下几个要点。首先，骨架曲线为三折线型，主要由混凝土受拉开裂、受拉钢筋屈服以及极限状态三个节点组成，正、反加载方向的骨架曲线对称。其次，可将卸载曲线取为斜直线，当荷载小于屈服荷载时，卸载曲线的斜率为 $K_0$；当荷载大于屈服荷载时，考虑到构件刚度退化，卸载曲线的斜率为 $K_r$。最后，再加载曲线由荷载为零但具有残余变形的点开始反向加载，并与上一循环曾达到的最高点直线相连，如果该最高点未超过开裂点或屈服点，则与此特征点相连，超过后，再沿骨架曲线变化。

复合加固木柱的骨架曲线近似三线型分布，随着构件强度和刚度的退化，在不同加载循环中，卸载曲线刚度相应地发生改变。而复合加固木柱的再加载曲线与 Clough 模型有所不同，各加固木柱的再加载曲线均经过推拉方向的一个定点，之后再沿骨架曲线发展。考虑到试验中复合加固木柱的滞回规则，定点指向型三折线恢复力模型更适用于对加固木柱滞回特性进行描述。图 7-7 显示了复合加固木柱的滞回规则。与钢筋混凝土构件相关计

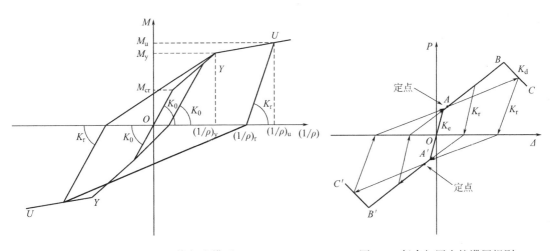

图 7-6  Clough 恢复力模型　　　　　　图 7-7  复合加固木柱滞回规则

算理论不同，复合加固木柱的截面计算分析中需要考虑木材纤维受拉的影响，而且木材横纹抗压强度和弹性模量较小，试验中由于横向挤压变形和部分木纤维损伤，木柱底部存在轻微转动，与理想固结状态存在差别。因此，加固木柱的名义弹性工作段（OA）较短，骨架曲线主要由 AB 段和 BC 段组成。在 OA 段，木柱的加载和卸载曲线斜率均为 $K_e$，当加载位移超过名义屈服位移后，加载路径沿骨架曲线发展，当达到预定加载位移后，以一定的卸载刚度下降至荷载为零的卸载点。随着木材发生损伤，不同加载循环中曲线的卸载刚度不同。再加载曲线则向定点延伸，通过定点后，与上一循环曾达到的最高点以直线相连，并继续沿骨架曲线上的预定加载路线发展。该定点的坐标通过试验数据进行确定。

### 7.3.2　卸载刚度

根据加固木柱的滞回规则可知，其卸载曲线为斜直线，且随着木材损伤的积累，在往复加载循环过程中，卸载曲线的斜率不断发生改变。借鉴钢筋混凝土材料恢复力模型中有关卸载刚度的求解方法，按照式（7-13）对复合加固木柱卸载曲线的斜率进行拟合计算。$K_r$ 为卸载曲线的斜率，$K_e$ 为初始弹性段曲线的斜率；$\Delta_y$ 是名义屈服位移，$\Delta_0$ 是卸载点的横坐标；$\alpha$ 和 $\beta$ 是拟合参数。通过对不同加固工况木柱的试验数据进行回归分析，可以确定式（7-13）中的拟合参数，并基于理论计算骨架曲线的相应数据点，可以计算得到各级加载循环卸载点的具体坐标，从而能够确定卸载曲线的解析式。

$$\frac{K_r}{K_0} = \alpha \left(\frac{\Delta_y}{\Delta_0}\right)^{\beta} \tag{7-13}$$

### 7.3.3　模型曲线与试验结果对比

根据复合加固木柱的滞回规则，综合已经确定的理论骨架曲线和卸载曲线，可得到复合加固木柱的滞回曲线，图 7-8 为复合加固木柱的试验与理论计算滞回曲线的对比。理论计算滞回曲线能够反映加固木柱的滞回特性，模型曲线的上升段刚度和承载力与试验曲线相近，且滞回环的形状较为相似。虽然卸载曲线的斜率与试验曲线有所差别，但仍能表现出加固木柱的卸载特点。同时，再加载曲线直观反映了试验中的捏拢现象，与试验曲线形

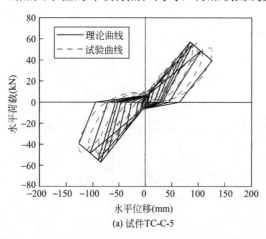

(a) 试件TC-C-5

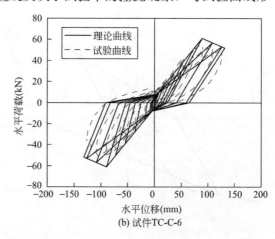

(b) 试件TC-C-6

图 7-8　理论与试验滞回曲线对比（一）

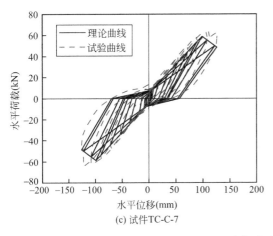

(c) 试件TC-C-7

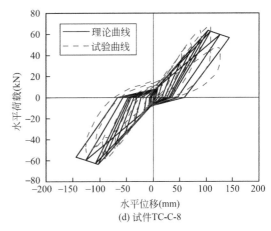

(d) 试件TC-C-8

图 7-8 理论与试验滞回曲线对比（二）

态相近。可知，所建立的恢复力模型具有一定的可靠性。由于可参考的相关研究较少，而且试件数量有限，所建立恢复力模型并没有完全反映复合加固木柱的滞回特性，需要进行后续的研究，以确定预测精度更高的复合加固木柱抗震恢复力模型。

# 7.4 有限元模型

## 7.4.1 材料单轴本构

目前 OpenSees 材料库中缺少木材的单轴滞回模型，因此，需要选取相近的材料模型表征木材的单轴拉压应力-应变关系。复合加固木柱的受压本构呈三折线型；而木材清样的轴心受拉试验结果表明木材的受拉应力-应变曲线以一定的斜率呈线性增长，达到峰值荷载后，木材发生脆性断裂。由于木材的拉压本构表现出双线性的分布特征，本书决定采用 OpenSees 材料库中的单轴双线性 Hysteretic 材料作为木材的单轴本构模型。图 7-9 为 Hysteretic 材料的分布特征及参数定义，受拉方向第一段和第二段曲线斜率为木材的受拉弹性模量，按照规范建议取值为 9000MPa。虽然木材的受拉破坏特征为脆性断裂，但是考虑到有限元模型的计算收敛问题，取受拉方向的第三段曲线为斜率较大的下降斜直线。由此确定 Hysteretic 材料受压段曲线分布则完全参照复合加固木柱受压三折线型应力-应变关系。钢筋的本构选用 OpenSees 材料库中的 Steel02 材料，该材料描述的是 Giuffre-Menegotto-Pinto 本构关系，考虑了重复荷载作用下钢筋的等向强化，图 7-10 为 Steel02 材料的本构关系。

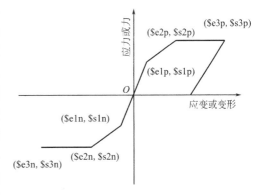

图 7-9 Hysteretic 材料参数定义

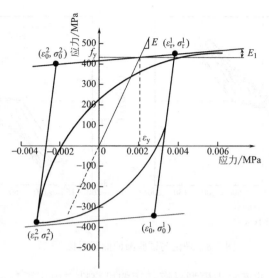

图 7-10　Steel02 材料本构关系

### 7.4.2　有限元模型概况

OpenSees 中，纤维截面由一个个纤维组成，每个纤维包含一个单轴本构材料、一个面积和一个位置信息。考虑到木材的材料特性，木柱截面由一圈圈木材纤维构成，因此，采用有限元软件中的纤维截面能够较好地反映木柱在水平往复荷载作用下的受力特性。截面的本构关系不可直接获得，而是通过对截面内划分纤维的单轴本构关系进行积分而确定的。截面组成纤维的力学行为由纤维材料的单轴本构关系决定，且纤维单元仍然遵循平截面假定和小变形假定。可将钢筋纤维直接内嵌到纤维截面，从而与木材纤维协同工作、共同受力。在确定使用纤维截面后，本书采用基于位移的梁柱单元（Displacement-Based Beam-Column Element）进行结构构件的有限元分析。该梁柱单元属于采用差值函数的杆件有限单元模型，并基于有限单元刚度法理论进行求解。基于位移的梁柱单元允许刚度沿杆件长度发生变化，同时可以考虑沿着单元长度方向的塑性分布。单元通过节点位移得到相应的单元杆端位移，根据位移差值型函数进一步求解得到截面的变形，再依据截面的恢复力关系得到相应截面抗力和截面切线刚度矩阵，并最后按照 Gauss-Legendre 积分方法沿杆长积分计算出整个单元的抗力与切线刚度矩阵。为得到较为精确的分析结果，一般需要将构件细分为多个单元进行求解，这种基于位移的梁柱单元能够较好地反映构件截面的软化特征。

设定有限元模型的相关几何参数与试验概况相一致。在建立模型的过程中，为充分考虑木柱在试验过程中的真实工作状态，建立如图 7-11 所示的简化计算模型。木柱顶部受到竖向荷载和水平力的共同作用。由于试验中竖向荷载数值较小，因此不考虑柱顶处的水平摩擦作用。杯口支座内的木柱会产生轻微的转动和滑移；同时，杯口基础顶部与木柱接触区域木材的横向压缩明显，会在往复荷载作用下产生一定的变形和损伤。在循环加载过程中，杯口支座内的木柱产生一定的转动，靠近杯口支座处的部分木材与钢支座接触，而柱脚处的部分木材与钢支座底部接触，上述接触所产生的弯矩与柱顶处水平力产生的弯矩

相平衡。因此，在建立模型的过程中，通过零长度单元将
柱脚节点 1 与固定节点 3 相连，通过零长度转动弹簧和零长
度水平弹簧模拟柱底产生的轻微转动和滑移，继而通过较
大刚度的水平和转动弹簧替代柱脚的完全固结状态。对于
木柱柱身部分，则采用非线性梁柱单元进行模拟。

根据上述有限元计算模型，可以确定模型节点坐标和
边界条件。之后，根据所选的材料单轴本构模型对各材料
参数进行定义。进而可以划分纤维截面，沿截面切向划分
单元个数为 50，沿径向的个数为 5。设置坐标转换关系，并
且设定高斯积分点的个数为 5，定义非线性梁柱单元。按照
预定数值施加竖向荷载，继而以位移控制模式进行滞回分析，在往复水平加载循环中，每
级位移的幅值与相应的试验研究保持一致。

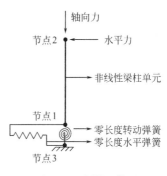

图 7-11　有限元模型

### 7.4.3　模型验证

根据有限元模型计算结果，提取木柱顶点水平位移和水平荷载计算数据，可以得到
复合加固木柱的荷载-位移滞回曲线，试验曲线与模拟结果对比如图 7-12 所示。模拟曲

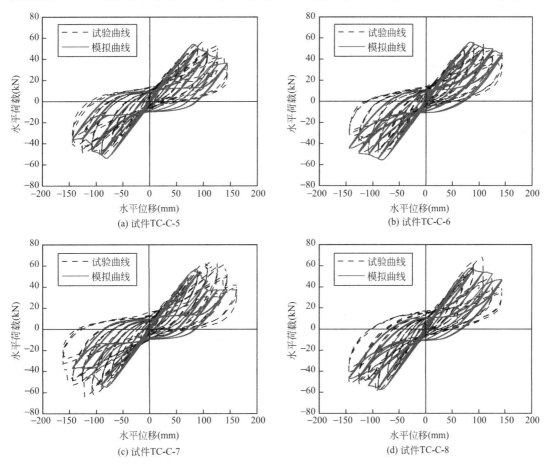

图 7-12　试验与模拟滞回曲线对比

线上升段的刚度与试验曲线相近，表明有限元模型能够很好地反映复合加固木柱的往复加载进程。模型分别与试验曲线的峰值荷载和峰值位移相近，曲线下降段也表现出相似的变化趋势。同时，模型曲线能够充分反映试验曲线的捏拢现象，表现出加固木柱的耗能特性。但由图中曲线可以看出，模型曲线与试验曲线卸载刚度存在一定差别，当水平荷载为零时，两种曲线的残余位移也具有差异。考虑到木材材料的离散特性、试验中存在的不确定因素以及木柱底部临近支座处产生的变形和损伤，模型曲线会与试验结果存在一定的差异，但是在整体趋势、峰值荷载、曲线形状等方面均表现出较好的对应关系。

根据荷载-位移滞回曲线，提取骨架曲线进行对比分析，图 7-13 为试验与模拟骨架曲线的对比。模拟与试验曲线上升段刚度基本一致，同时峰值荷载较为相近，仅试件 TC-C-7 曲线对比结果差别较大。表 7-7 中对比了各加固工况木柱试验与模拟峰值荷载，可知计算误差基本在 15% 及以下，考虑到木材材料性能以及模型中木材本构关系的影响，有限元模型的预测结果具有精确性。图 7-13 中试验与模拟曲线下降段的分布规律较为接近，表明有限元模型能够较好地预测骨架曲线软化段。

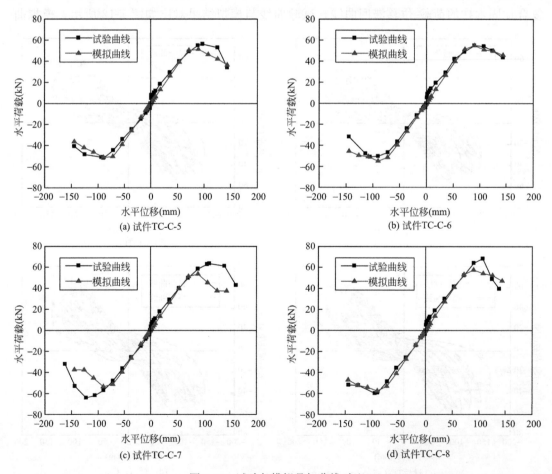

图 7-13　试验与模拟骨架曲线对比

试验与模拟峰值荷载对比

表 7-7

| 试件编号 | 试验值（kN） | | 模拟值（kN） | | 误差（%） | |
|---|---|---|---|---|---|---|
| | 正向 | 负向 | 正向 | 负向 | 正向 | 负向 |
| TC-C-5 | 56.3 | −52.0 | 51.3 | −51.3 | −8.9 | −1.3 |
| TC-C-6 | 55.0 | −51.0 | 55.0 | −55.0 | 0.0 | 7.8 |
| TC-C-7 | 63.4 | −64.3 | 53.5 | −53.5 | −15.6 | −16.8 |
| TC-C-8 | 68.3 | −59.9 | 57.5 | −57.5 | −15.8 | −4.0 |

## 7.5 有限元参数分析

### 7.5.1 竖向荷载

在较多塔式古建筑或现代木结构中，不同结构层木柱所受的竖向荷载有所差别，因此需要探究竖向荷载对加固木柱抗震性能的影响。在所建立的有限元模型基础上，分别对不同加固工况木柱施加 250kN 和 450kN 的竖向荷载，对相应工况的滞回响应进行模拟分析。图 7-14 为各组试件在不同竖向荷载作用下的水平荷载-位移滞回曲线，由曲线对比可知，

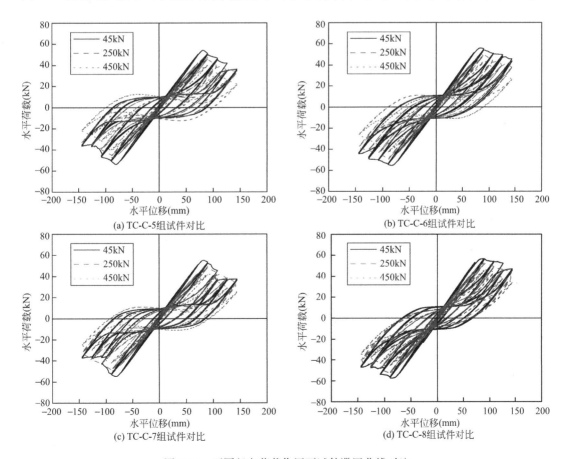

图 7-14　不同竖向荷载作用下试件滞回曲线对比

随着竖向荷载的增加，滞回曲线的初始刚度减小，且峰值荷载同样呈减小趋势。当水平荷载卸载至零时，竖向荷载越大，则木柱的残余位移越大。在混凝土结构中，当轴压比处于一定范围时，随着竖向荷载的增加，混凝土构件的抗侧能力呈上升趋势。而本书有限元模拟结果表明，随着竖向荷载的增加，复合加固木柱的抗侧能力不断减小。由于木柱弹性模量较小、变形较大，在水平荷载作用下产生较大的水平位移，竖向荷载因此与构件轴线偏离，且产生较大的偏心距，木材在偏心受压作用下易发生损伤破坏，从而表现为木柱抗侧能力的削减。

### 7.5.2 内嵌钢筋直径

通过对加固木柱截面的受力分析可知，钢筋直径会直接影响木柱的抗侧承载力。因此，内嵌不同直径钢筋加固木柱滞回性能的研究可以为复合加固木柱的抗震设计提供借鉴和参考。本节在有限元模型中采用12mm、16mm和20mm的内嵌钢筋直径，并对相应复合加固木柱进行滞回分析，得到各加固工况试件的荷载-位移滞回曲线。图7-15为内嵌不同钢筋直径试件的荷载-位移滞回曲线，随着内嵌钢筋直径的增加，滞回曲线的初始刚度随之增加，峰值荷载也相应得到提升。且滞回曲线的卸载刚度随着内嵌钢筋直径的增加而不断减小，当水平荷载卸载至零时，钢筋直径较大试件的残余位移较小。可知，改变内嵌

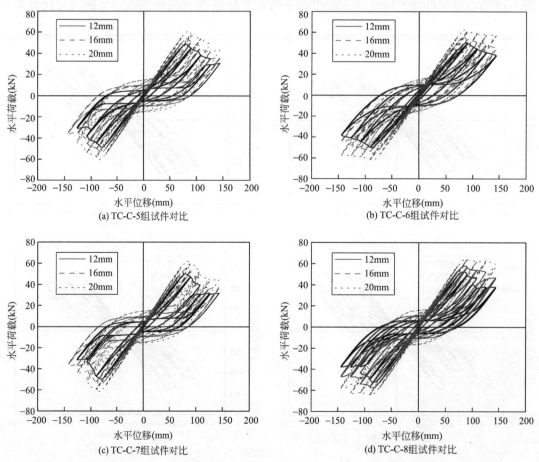

图7-15 内嵌不同直径钢筋试件滞回曲线对比

钢筋的直径，能够影响加固木柱的抗侧能力。在有限元模型中，木材的受压应力-应变关系采用的是内嵌钢筋直径为 16mm 时的本构模型，虽然计算结果会有一定的偏差，但是模型的近似计算分析仍可以证明内嵌钢筋直径能够影响加固木柱的抗侧能力。

### 7.5.3 内嵌钢筋数量和位置

随着内嵌钢筋数量的增加，复合加固木柱的轴心受压承载力可以得到有效提高。但是，在低周往复荷载作用下，加固木柱的水平承载力基本不发生变化。根据对加固木柱截面承载力的计算可知，内嵌钢筋的布设位置会影响到木柱的抗侧性能。因此，需要对复合加固木柱的内嵌钢筋数量和布设位置展开研究，从而为复合加固方法的实际工程应用提供合理的建议和有效的帮助。基于既有的有限元模型，分别模拟木柱截面在内嵌 2 根、4 根和 6 根钢筋时复合加固木柱的抗侧性能，图 7-16 描述了不同加固工况下内嵌钢筋在木柱截面中具体的布设数量和位置。图 7-17 为不同内嵌钢筋工况试件的滞回曲线，当内嵌 6 根钢筋时，滞回曲线的初始刚度和峰值位移均高于其他两种工况，同时卸载曲线的残余位移较小，因而从总体上表现出较好的抗侧性能。而内嵌 2 根和 4 根钢筋试件的滞回曲线分布相近，曲线的初始刚度和峰值荷载均较为一致，二者仅在骨架曲线的延性方面表现出一定的差异。依据截面受力分析，靠近中性轴附近的 2 根钢筋基本不发挥作用，因此，这 2 根钢筋未对木柱抗侧承载力做出贡献。内嵌钢筋的数量和位置会直接影响复合加固木柱的抗震性能。

图 7-16　木柱截面内嵌钢筋布设位置和数量

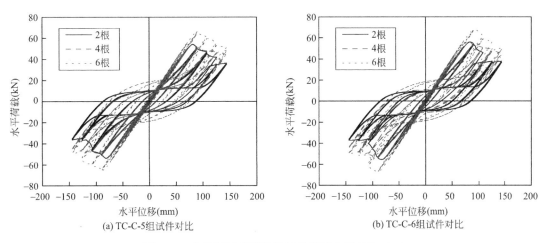

图 7-17　内嵌不同钢筋数量试件滞回曲线对比（一）

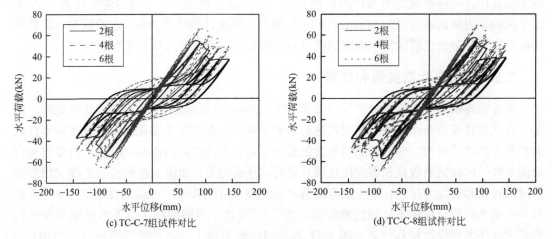

(c) TC-C-7组试件对比　　　　　　　　　　(d) TC-C-8组试件对比

图 7-17　内嵌不同钢筋数量试件滞回曲线对比（二）

# 参考文献

[1] Tlustochowicz G., Serrano E., Steiger R. State-of-the-art review on timber connections with glued-in steel rods [J]. Materials and Structures，2011，44 (5)：997-1020.

[2] Steiger R., Serrano E., Stepinac M., et al. Strengthening of timber structures with glued-in rods [J]. Construction and Building Materials，2015，97：90-105.

[3] O'Neill C., McPolin D., Taylor S., et al. Timber moment connections using glued-in basalt FRP rods [J]. Construction and Building Materials，2017，145：226-235.

[4] Yan Yan，Liu Huanrong，Zhang Xiubiao，et al. The effect of depth and diameter of glued-in rods on pull-out connection strength of bamboo glulam [J]. Journal of Wood Science，2016，62 (1)：109-115.

[5] Zhu Hong，Faghani P., Tannert T. Experimental investigations on timber joints with single glued-in FRP rods [J]. Construction and Building Materials，2017，140：167-172.

[6] De Lorenzis L., Scialpi V., La Tegola A. Analytical and experimental study on bonded-in CFRP bars in glulam timber [J]. Composites Part B：Engineering，2005，36 (4)：279-289.

[7] Chans D., Cimadevila J., Gutiérrez E. Influence of the geometric and material characteristics on the strength of glued joints made in chestnut timber [J]. Materials & Design，2009，30 (4)：1325-1332.

[8] Ling Zhibin，Xiang Zhe，Liu Weiqing，et al. Load-slip behaviour of glue laminated timber connections with glued-in steel rod parallel to grain [J]. Construction and Building Materials，2019，227：117028.

[9] Yeboah D., Taylor S., McPolin D., et al. Behaviour of joints with bonded-in steel bars loaded parallel to the grain of timber elements [J]. Construction and Building Materials，2011，25 (5)：2312-2317.

[10] Broughton J. G., Hutchinson A. R. Adhesive systems for structural connections in timber [J]. International Journal of Adhesion and Adhesives，2001，21 (3)：177-186.

[11] Titirla M., Michel L., Ferrier E. Mechanical behaviour of glued-in rods (carbon and glass fibre-reinforced polymers) for timber structures—An analytical and experimental study [J]. Composite Structures，2019，208：70-77.

[12] Gonzales E., Tannert T., Vallee T. The impact of defects on the capacity of timber joints with glued-in rods [J]. International Journal of Adhesion and Adhesives，2016，65：33-40.

[13] Xu Bohan，Guo Jinghua，Bouchaïr A. Effects of glue-line thickness and manufacturing defects on the pull-out behavior of glued-in rods [J]. International Journal of Adhesion and Adhesives，2020，98：102517.

[14] Ratsch N., Böhm S., Voß M., et al. Influence of imperfections on the load capacity and stiffness of glued-in rod connections [J]. Construction and Building Materials，2019，226：200-211.

[15] Feligioni L., Lavisci P., Duchanois G., et al. Influence of glue rheology and joint thickness on the strength of bonded-in rods [J]. Holz als Roh-und Werkstoff，2003，61 (4)：281-287.

[16] Chans D., Cimadevila J., Gutiérrez E. Model for predicting the axial strength of joints made with glued-in rods in sawn timber [J]. Construction and Building Materials, 2010, 24 (9): 1773-1778.

[17] Steiger R., Gehri E., Widmann R. Pull-out strength of axially loaded steel rods bonded in glulam parallel to the grain [J]. Materials and Structures, 2007, 40 (1): 69-78.

[18] Li T. Y., Shan B., Xiao Y., et al. Axially loaded single threaded rod glued in glubam joint [J]. Construction and Building Materials, 2020, 244: 118302.

[19] Rossignon A., Espion B. Experimental assessment of the pull-out strength of single rods bonded in glulam parallel to the grain [J]. Holz als Roh-und Werkstoff, 2008, 66 (6): 419-432.

[20] prEn1995-2. Eurocode 5-design of timber structures-part 2: bridges. final project team draft. stage 34 [S]. Brussels, Belgium: European Committee for Standardization, 2003.

[21] DIN 1052. Entwurf, berechnung und bemessung von holzbauwerken -allgemeine bemessungsregeln und bemessungsregeln für den hochbau [S]. Berlin, Germany: Deutsches Institut für Normung e. V, 2008.

[22] Ling Zhibin, Yang Huifeng, Liu Weiqing, et al. Local bond stress-slip relationships between glue laminated timber and epoxy bonded-in GFRP rod [J]. Construction and Building Materials, 2018, 170: 1-12.

[23] Eligehausen R., Popov E., Bertero V. Local bond stress-slip relationships of deformed bars under generalized excitations [C]. Proceedings of the 7th European conference on earthquake engineering: Athens, Greece, 1982.

[24] Cosenza E., Manfredi G., Realfonzo R. Analytical modelling of bond between FRP reinforcing bars and concrete [C]. Proceedings of the 2rd international RILEM symposium: Chapman & Hall, 1995.

[25] 凌志彬, 刘伟庆, 杨会峰, 等. 考虑位置函数的胶合木植筋粘结-滑移关系研究 [J]. 工程力学, 2016, 33 (3): 95-103.

[26] Serrano E. Glued-in rods for timber structures—a 3D model and finite element parameter studies [J]. International Journal of Adhesion and Adhesives, 2001, 21 (2): 115-127.

[27] Ling Zhibin, Liu Weiqing, Yang Huifeng, et al. Modelling of glued laminated timber joints with glued-in rod considering bond-slip location function [J]. Engineering Structures, 2018, 176: 90-102.

[28] Grunwald C., Vallée T., Fecht S., et al. Rods glued in engineered hardwood products part I: experimental results under quasi-static loading [J]. International Journal of Adhesion and Adhesives, 2019, 90: 163-181.

[29] Grunwald C., Vallée T., Fecht S., et al. Rods glued in engineered hardwood products part II: numerical modelling and capacity prediction [J]. International Journal of Adhesion and Adhesives, 2019, 90: 182-198.

[30] Martín E., Estévez J., Otero D. Influence of geometric and mechanical parameters on stress states caused by threaded rods glued in wood [J]. European Journal of Wood and Wood Products, 2013, 71 (2): 259-266.

[31] Fava G., Carvelli V., Poggi C. Pull-out strength of glued-in FRP plates bonded in glulam [J]. Construction and Building Materials, 2013, 43: 362-371.

[32] Grunwald C., Kaufmann M., Alter B., et al. Numerical investigations and capacity prediction of G-FRP rods glued into timber [J]. Composite Structures, 2018, 202: 47-59.

[33] Azinović B., Danielsson H., Serrano E., et al. Glued-in rods in cross laminated timber-numerical

simulations and parametric studies [J]. Construction and Building Materials，2019，212：431-441.

[34] Xu Bohan，Guo Jinghua，Bouchaïr A. Effects of glue-line thickness and manufacturing defects on the pull-out behavior of glued-in rods [J]. International Journal of Adhesion and Adhesives，2020，98：102517.

[35] Del Senno M.，Piazza M.，Tomasi R. Axial glued-in steel timber joints—experimental and numerical analysis [J]. Holz als Roh-und Werkstoff，2004，62（2）：137-146.

[36] Raftery G.，Kelly F. Basalt FRP rods for reinforcement and repair of timber [J]. Composites Part B：Engineering，2015，70：9-19.

[37] Raftery G.，Rodd P. FRP reinforcement of low-grade glulam timber bonded with wood adhesive [J]. Construction and Building Materials，2015，91：116-125.

[38] Raftery G.，Whelan C. Low-grade glued laminated timber beams reinforced using improved arrangements of bonded-in GFRP rods [J]. Construction and Building Materials，2014，52：209-220.

[39] 周长东，杨礼赣，阿斯哈.拉压区复合加固木梁抗弯性能试验研究 [J]. 土木工程学报，2020，53（11）：55-63.

[40] Gentile C.，Svecova D.，Rizkalla S. Timber beams strengthened with GFRP bars：development and applications [J]. Journal of Composites for Construction，2002，6（1）：11-20.

[41] Fossetti M.，Minafò G.，Papia M. Flexural behaviour of glulam timber beams reinforced with FRP cords [J]. Construction and Building Materials，2015，95：54-64.

[42] Schober K.，Harte A.，Kliger R.，et al. FRP reinforcement of timber structures [J]. Construction and Building Materials，2015，97：106-118.

[43] Sena-Cruz J.，Branco J.，Jorge M.，et al. Bond behavior between glulam and GFRP's by pullout tests [J]. Composites Part B：Engineering，2012，43（3）：1045-1055.

[44] Corradi M.，Righetti L.，Borri A. Bond strength of composite CFRP reinforcing bars in timber [J]. Materials，2015，8（7）：4034-4049.

[45] 张富文，徐清风，李向民，等.内嵌CFRP筋与木材的黏结锚固性能试验研究 [J]. 结构工程师，2014，30（5）：146-153.

[46] 岳清瑞.我国碳纤维（CFRP）加固修复技术研究应用现状与展望 [J]. 工业建筑，2000，30（10）：23-26.

[47] Barros J.，Ferreira D. Assessing the efficiency of CFRP discrete confinement systems for concrete cylinders [J]. Journal of Composites for Construction，2008，12（2）：134-148.

[48] Yin Peng，Huang Liang，Yan Libo，et al. Compressive behavior of concrete confined by CFRP and transverse spiral reinforcement. Part A：experimental study [J]. Materials and Structures，2016，49（3）：1001-1011.

[49] Eid R.，Paultre P. Compressive behavior of FRP-confined reinforced concrete columns [J]. Engineering Structures，2017，132：518-530.

[50] Realfonzo R.，Napoli A. Concrete confined by FRP systems：confinement efficiency and design strength models [J]. Composites Part B：Engineering，2011，42（4）：736-755.

[51] Zhou Changdong，A Siha，Qiu Yikun，et al. Experimental investigation of axial compressive behavior of large-scale circular concrete columns confined by prestressed CFRP strips [J]. Journal of Structural Engineering，2019，145（8）：4019070.

[52] Wei Youyi，Wu Yufei. Unified stress-strain model of concrete for FRP-confined columns [J]. Construction and Building Materials，2012，26（1）：381-392.

[53] 张大照.CFRP布加固修复木柱梁性能研究 [D]. 上海：同济大学，2003.

[54] 许清风，朱雷.CFRP 维修加固局部受损木柱的试验研究 [J]. 土木工程学报，2007，40（8）：41-46.

[55] 许清风.局部损伤圆木柱维修加固方法的试验研究 [J]. 中南大学学报（自然科学版），2012，43（4）：1506-1513.

[56] 周乾，杨娜，闫维明.CFRP 布墩接加固木柱轴压试验研究 [J]. 建筑结构学报，2016，37（S1）：312-320.

[57] 周乾，闫维明，慕晨曦，等.CFRP 布包镶加固底部糟朽木柱轴压试验 [J]. 湖南大学学报（自然科学版），2016，43（3）：120-126.

[58] 王静辉，刘清，韩风霞，等.外粘贴 BFRP 加固新疆杨木矩形截面柱轴心受压力学性能试验研究 [J]. 工程抗震与加固改造，2017，39（5）：118-123.

[59] 李向民，许清风，朱雷，等.CFRP 加固旧木柱性能的试验研究 [J]. 工程抗震与加固改造，2009，31（4）：55-59.

[60] 周钟宏.碳纤维布加固木结构构件的性能研究 [D]. 南京：南京工业大学，2005.

[61] 王鲲.碳纤维增强材料（CFRP）加固古建筑木结构试验研究 [D]. 西安：西安建筑科技大学，2007.

[62] 马建勋，胡平，蒋湘闽，等.碳纤维布加固木柱轴心抗压性能试验研究 [J]. 工业建筑，2005，35（8）：40-44.

[63] 邵劲松，薛伟辰，刘伟庆，等.FRP 横向加固木柱轴心受压性能计算 [J]. 土木工程学报，2012，45（8）：48-54.

[64] 邵劲松，刘伟庆，蒋桐，等.FRP 加固轴心受压木柱应力-应变模型 [J]. 工程力学，2008，25（2）：183-187.

[65] 淳庆，潘建伍.碳-芳混杂纤维布加固木柱轴心抗压性能试验研究 [J]. 建筑材料学报，2011，14（3）：427-431.

[66] 淳庆，张洋，潘建伍.嵌入式 CFRP 筋加固圆木柱轴心抗压性能试验 [J]. 建筑科学与工程学报，2013，30（3）：20-24.

[67] 淳庆，张洋，潘建伍.内嵌碳纤维板加固圆木柱轴心抗压性能试验研究 [J]. 工业建筑，2013，43（7）：91-95.

[68] 张洋.嵌入式 CFRP 板（筋）材加固木构件试验研究 [D]. 南京：东南大学，2013.

[69] 朱雷，许清风.CFRP 加固木柱性能的试验研究 [J]. 工业建筑，2008，38（12）：113-116.

[70] 周乾，闫维明，纪金豹.故宫太和殿抗震构造研究 [J]. 土木工程学报，2013，46（S1）：117-122.

[71] 周乾，闫维明，关宏志，等.故宫太和殿抗震性能研究 [J]. 福州大学学报（自然科学版），2013，41（4）：487-494.

[72] 熊仲明，韦俊，权吉柱，等.古建筑殿堂型结构耗能减震性能的有限元分析研究 [J]. 振动与冲击，2008，27（12）：139-142.

[73] 隋䶮，赵鸿铁，薛建阳，等.古代殿堂式木结构建筑模型振动台试验研究 [J]. 建筑结构学报，2010，31（2）：35-40.

[74] 薛建阳，许丹，任国旗，等.穿斗式木结构民居模拟地震振动台试验研究 [J]. 建筑结构学报，2019，40（4）：123-132.

[75] 周蓉.中国古建筑木结构构架力学性能与抗震研究 [D]. 西安：长安大学，2010.

[76] Meng Xianjie, Yang Qingshan, Wei Jianwei, et al. Experimental investigation on the lateral structural performance of a traditional Chinese pre-Ming dynasty timber structure based on half-scale pseudo-static tests [J]. Engineering Structures, 2018，167：582-591.

[77] Xie Qifang, Zhang Lipeng, Wang Long, et al. Lateral performance of traditional Chinese timber frames: experiments and analytical model [J]. Engineering Structures, 2019, 186: 446-455.

[78] Li Xiaowei, Zhao Junhai, Ma Guowei, et al. Experimental study on the seismic performance of a double-span traditional timber frame [J]. Engineering Structures, 2015, 98: 141-150.

[79] 高永林, 陶忠, 叶燎原, 等. 传统木结构典型榫卯节点基于摩擦机理特性的低周反复加载试验研究 [J]. 建筑结构学报, 2015, 36 (10): 139-145.

[80] 赵鸿铁, 张海彦, 薛建阳, 等. 古建筑木结构燕尾榫节点刚度分析 [J]. 西安建筑科技大学学报 (自然科学版), 2009, 41 (4): 450-454.

[81] 徐明刚, 邱洪兴. 中国古代木结构建筑榫卯节点抗震试验研究 [J]. 建筑结构学报, 2010, 31 (S2): 345-349.

[82] 周乾, 杨娜, 淳庆. 故宫太和殿二层斗拱水平抗震性能试验 [J]. 东南大学学报 (自然科学版), 2017, 47 (1): 150-158.

[83] 周乾, 闫维明, 慕晨曦, 等. 故宫太和殿一层斗拱竖向加载试验 [J]. 西南交通大学学报, 2015, 50 (5): 879-885.

[84] 薛建阳, 夏海伦, 李义柱, 等. 不同松动程度下古建筑透榫节点抗震性能试验研究 [J]. 西安建筑科技大学学报 (自然科学版), 2017, 49 (4): 463-469.

[85] 薛建阳, 李义柱, 夏海伦, 等. 不同松动程度的古建筑燕尾榫节点抗震性能试验研究 [J]. 建筑结构学报, 2016, 37 (4): 73-79.

[86] 潘毅, 安仁兵, 王晓玥, 等. 古建筑木结构透榫节点力学模型研究 [J]. 土木工程学报, 2020, 53 (4): 61-70+82.

[87] 潘毅, 王超, 唐丽娜, 等. 古建筑木结构直榫节点力学模型的研究 [J]. 工程力学, 2015, 32 (2): 82-89.

[88] 潘毅, 袁双, 郭瑞, 等. 铺作层布置对古建筑木结构抗震性能的影响 [J]. 土木工程学报, 2019, 52 (3): 29-40.

[89] 谢启芳, 向伟, 杜彬, 等. 残损古建筑木结构叉柱造式斗栱节点抗震性能退化规律研究 [J]. 土木工程学报, 2014, 47 (12): 49-55.

[90] 谢启芳, 郑培君, 向伟, 等. 残损古建筑木结构单向直榫榫卯节点抗震性能试验研究 [J]. 建筑结构学报, 2014, 35 (11): 143-150.

[91] 谢启芳, 向伟, 杜彬, 等. 古建筑木结构叉柱造式斗栱节点抗震性能试验研究 [J]. 土木工程学报, 2015, 48 (8): 19-28.

[92] 谢启芳, 杜彬, 张风亮, 等. 古建筑木结构燕尾榫节点弯矩-转角关系理论分析 [J]. 工程力学, 2014, 31 (12): 140-146.

[93] He Junxiao, Wang Juan. Theoretical model and finite element analysis for restoring moment at column foot during rocking [J]. Journal of Wood Science, 2018, 64 (2): 97-111.

[94] 贺俊筱, 王娟, 杨庆山. 古建筑木结构柱脚节点受力性能试验研究 [J]. 建筑结构学报, 2017, 38 (8): 141-149.

[95] 贺俊筱, 王娟, 杨庆山. 摇摆状态下古建筑木结构木柱受力性能分析及试验研究 [J]. 工程力学, 2017, 34 (11): 50-58.

[96] 贺俊筱, 王娟, 杨庆山. 考虑高径比影响的木结构柱抗侧能力试验研究 [J]. 土木工程学报, 2018, 51 (3): 27-35.

[97] 姚侃, 赵鸿铁. 木构古建筑柱与柱础的摩擦滑移隔震机理研究 [J]. 工程力学, 2006, 23 (8): 127-131+159.

[98] 万佳. 宋式三等材和七等材单柱摩擦体系的静力、动力有限元分析 [D]. 太原: 太原理工大

学，2015.

[99] 张风亮. 中国古建筑木结构加固及其性能研究 [D]. 西安：西安建筑科技大学，2013.

[100] 谢启芳. 中国木结构古建筑加固的试验研究及理论分析 [D]. 西安：西安建筑科技大学，2007.

[101] 谢启芳，赵鸿铁，薛建阳，等. 中国古建筑木结构榫卯节点加固的试验研究 [J]. 土木工程学报，2008，41（1）：28-34.

[102] 周乾，闫维明. CFRP 加固古建筑榫卯节点抗震试验 [J]. 东南大学学报（英文版），2011，27（2）：192-195.

[103] 孙文，陆伟东，刘伟庆. 碳纤维布加固透榫木构架抗震性能试验 [J]. 南京工业大学学报（自然科学版），2015，37（2）：91-96.

[104] 徐明刚，邱洪兴，淳庆. 碳纤维加固古建筑木结构榫卯节点承载力计算 [J]. 工程抗震与加固改造，2013，35（3）：121-124.

[105] 薛自波. 古建筑木构架燕尾榫节点加固试验研究 [D]. 西安：西安建筑科技大学，2010.

[106] Maheswaran. J. , Chellapandian. M. , Arunachelam. N. Retrofitting of severely damaged reinforced concrete members using fiber reinforced polymers：A comprehensive review [J]. Structures，2022，38：1257-1276.

[107] Shin. J. , Jeon. J. S. , Wright. T. R. Seismic mobile shaker testing of full-scale RC building frames with high-strength NSM-FRP hybrid retrofitsystem [J]. Composite Structures，2019，226：111207.

[108] Seifi. A. , Hosseini. A. , Marefat. M. S. , et al. Improving seismic performance of old-type RC frames using NSM technique and FRPjackets [J]. Engineering Structures，2017，147：705-723.

[109] Sanginabadi. K. , Yazdani. A. , Mostofinejad. D. , et al. RC members externally strengthened with FRP composites by grooving methods including EBROG and EBRIG：A state-of-the-art review [J]. Construction and Building Materials，2022，324：126662.

[110] Faustino. P. , Chastre. C. Flexural strengthening of columns with CFRP composites and stainless steel：cyclicbehavior [J]. Journal of Structural Engineering，2016，142（2）：04015136.

[111] Jiang. S. F. , Zeng. X. G. , Shen. S. , et al. Experimental studies on the seismic behavior of earthquake-damaged circular bridge columns repaired by using combination of near-surface-mounted BFRP bars with external BFRP sheets jacketing [J]. Engineering Structures，2016，106：317-331.

[112] Sarafraz. M. E. , Danesh. F. New technique for flexural strengthening of RC columns with NSM FRP bars [J]. Magazine of Concrete Research，2012，64（2）：151-161.

[113] Zeng. X. G. , Jiang. S. F. , Deng. K. , et al. Seismic performance of circular RC columns strengthened in flexure using NSM reinforcement and externally bonded BFRP sheets [J]. Engineering Structures，2022，256：114033.

[114] 中华人民共和国国家质量监督检验检疫总局.《无疵小试样木材物理力学性质试验方法 第 5 部分：密度测定》：GB／T 1927.5—2021 [S]. 北京：中国标准出版社，2009.

[115] 中华人民共和国国家质量监督检验检疫总局.《无疵小试样木材物理力学性质试验方法 第 4 部分：含水率测定》：GB/T 1927.4—2021 [S]. 北京：中国标准出版社，2009.

[116] 中华人民共和国国家质量监督检验检疫总局.《无疵小试样木材物理力学性质试验方法 第 11 部分，顺纹抗压强度测定》：GB/T 1927.11—2022 [S]. 北京：中国标准出版社，2009.

[117] 中华人民共和国国家质量监督检验检疫总局.《无疵小试样木材物理力学性质试验方法 第 16 部分：顺纹抗剪强度测定》：GB/T 1927.16—2022 [S]. 北京：中国标准出版社，2009.

[118] 中华人民共和国国家质量监督检验检疫总局.《无疵小试样木材物理力学性质试验方法 第 10 部

分：抗弯弹性模量测定》：GB/T 1927.10—2021 [S]. 北京：中国标准出版社，2009.

[119] 中华人民共和国国家质量监督检验检疫总局. 钢筋混凝土用钢 第 2 部分：热轧带肋钢筋：GB/T 1499.2—2018 [S]. 北京：中国标准出版社，2018.

[120] 中华人民共和国国家质量监督检验检疫总局. 钢筋混凝土用钢材试验方法：GB/T 28900—2022 [S]. 北京：中国标准出版社，2012.

[121] Malvar L. Bond stress-slip characteristics of FRP rebars [R]. Naval Facilities Engineering Service Center Port Hueneme CA，1994.

[122] 洪小健，张誉. 粘结滑移试验中的粘结应力的拟合方法 [J]. 结构工程师，2000，(3)：44-48.

[123] 中华人民共和国国家质量监督检验检疫总局.《无疵小试样木材物理力学性质试验方法 第 12 部分：横纹抗压强度测定》：GB/T 1927.12—2021 [S]. 北京：中国标准出版社，2009.

[124] 中华人民共和国国家质量监督检验检疫总局. 定向纤维增强聚合物基复合材料拉伸性能试验方法：GB/T 3354—2014 [S]. 北京：中国标准出版社，2014.

[125] Richart F.，Brandtzæg A.，Brown R. A study of the failure of concrete under combined compressive stresses [R]. Bulletin No.185，Engineering Experimental Station，University of Illinois at Urbana Champaign，1928.

[126] Newman K，Newman J-B. Failure theories and design criteria for plain concrete [C]. Proceedings of international civil engineering materials conference on structure：New York，USA，1969.

[127] Mander J.，Priestley M.，Park R. Theoretical stress-strain model for confined concrete [J]. Journal of Structural Engineering，1988，114 (8)：1804-1826.

[128] Fardis M.，Khalili H. FRP-encased concrete as a structural material [J]. Magazine of Concrete Research，1982，34 (121)：191-202.

[129] Lin H.，Chen C. Strength of concrete cylinder confined by composite materials [J]. Journal of Reinforced Plastics and Composites，2001，20 (18)：1577-1600.

[130] Lam L.，Teng J. G. Strength models for fiber-reinforced plastic-confined concrete [J]. Journal of Structural Engineering，2002，128 (5)：612-623.

[131] Shehata I.，Carneiro L.，Shehata L. Strength of short concrete columns confined with CFRP sheets [J]. Materials and Structures，2002，35 (1)：50-58.

[132] Shehata I.，Carneiro L.，Shehata L. Strength of confined short concrete columns [C]. Proceedings of the 8th international symposium on fiber reinforced polymer reinforcement for concrete structures：Patras，Greece，2007.

[133] Wu Hanliang，Wang Yuanfeng，Yu Liu，et al. Experimental and computational studies on high-strength concrete circular columns confined by aramid fiber-reinforced polymer sheets [J]. Journal of Composites for Construction，2009，13 (2)：125-134.

[134] Benzaid R.，Mesbah H.，Chikh N. FRP-confined concrete cylinders：axial compression experiments and strength model [J]. Journal of Reinforced Plastics and Composites，2010，29 (16)：2469-2488.

[135] Karbhari V.，Gao Yanqiang. Composite jacketed concrete under uniaxial compression—Verification of simple design equations [J]. Journal of Materials in Civil Engineering，1997，9 (4)：185-193.

[136] Saafi M.，Toutanji H.，Li Z. J. Behavior of concrete columns confined with fiber reinforced polymer tubes [J]. Materials Journal，1999，96 (4)：500-509.

[137] Toutanji H. Stress-strain characteristics of concrete columns externally confined with advanced fiber composite sheets [J]. Materials Journal，1999，96 (3)：397-404.

[138] Ilki A.，Kumbasar N.，Koc V. Low strength concrete members externally confined with FRP

sheets [J]. Structural Engineering and Mechanics, 2004, 18 (2): 167-194.

[139] Matthys S., Toutanji H., Audenaert K., et al. Axial load behavior of large-scale columns confined with fiber-reinforced polymer composites [J]. ACI Structural Journal, 2005, 102 (2): 258-267.

[140] Youssef M., Feng M., Mosallam A. Stress-strain model for concrete confined by FRP composites [J]. Composites Part B: Engineering, 2007, 38: 614-628.

[141] Wu Yufei, Wang Leiming. Unified strength model for square and circular concrete columns confined by external jacket [J]. Journal of Structural Engineering, 2009, 135 (3): 253-261.

[142] Saadatmanesh H., Ehsani M., Li M. W. Strength and ductility of concrete columns externally reinforced with fiber composite straps [J]. Structural Journal, 1994, 91 (4): 434-447.

[143] Karam G., Tabbara M. Modeling the strength of concrete cylinders with FRP wraps using the Hoek-Brown strength criterion [C]. Proceedings of the 8th international symposium on fiber reinforced polymer reinforcement for concrete structures: Patras, Greece, 2007.

[144] Yan Z., Pantelides C. Design-oriented model for concrete columns confined with bonded FRP jackets or post-tensioned FRP shells [C] Proceedings of the 8th international symposium on fiber reinforced polymer reinforcement for concrete structures: Patras, Greece, 2007.

[145] Wu Yufei, Zhou Yingwu. Unified strength model based on Hoek-Brown failure criterion for circular and square concrete columns confined by FRP [J]. Journal of Composites for Construction, 2010, 14 (2): 175-184.

[146] Lam L., Teng J. G. Design-oriented stress-strain model for FRP-confined concrete [J]. Construction and Building Materials, 2003, 17 (6-7): 471-489.

[147] Xiao Yan, Wu Hui. Compressive behavior of concrete confined by various types of FRP composite jackets [J]. Journal of Reinforced Plastics and Composites, 2003, 22 (13): 1187-1201.

[148] Mohamed H., Masmoudi R. Axial load capacity of concrete-filled FRP tube columns: Experimental versus theoretical predictions [J]. Journal of Composites for Construction, 2010, 14 (2): 231-243.

[149] 中华人民共和国国家质量监督检验检疫总局. 《无疵小试样木材物理力学性质试验方法 第 14 部分: 顺纹抗拉强度测定》: GB/T 1927.14—2022 [S]. 北京: 中国标准出版社, 2009.

[150] 中华人民共和国国家质量监督检验检疫总局. 《无疵小试样木材物理力学性质试验方法 第 9 部分: 抗弯强度测定》: GB/T 1927.9—2021 [S]. 北京: 中国标准出版社, 2009.

[151] ISO-16670. Timber structures: Joints made with mechanical fasteners: Quasi-static reversed-cyclic test method [S]. Geneva: International Organization for Standardization, 2003.